第3版

和秋叶一起学PPT

秋叶PPT 著

又快又好 | 打造说服力幻灯片

秋叶 出品

人民邮电出版社
北京

图书在版编目（CIP）数据

和秋叶一起学PPT / 秋叶PPT著. -- 3版. -- 北京：
人民邮电出版社，2017.7（2019.5 重印）
ISBN 978-7-115-45477-5

Ⅰ. ①和… Ⅱ. ①秋… Ⅲ. ①图形软件 Ⅳ.
①TP391.41

中国版本图书馆CIP数据核字(2017)第079317号

内 容 提 要

如果：

你是零基础 PPT "菜鸟"，又想用最短时间成为 PPT 高手，这本书适合你；

你是 Office 2003 版的资深用户，现在想学习 Office 2013/2016 版的功能，这本书适合你；

你是常年被老板 "虐" 稿，加班熬夜重做 PPT 的职场人，想又快又好做出工作型 PPT，这本书适合你；

你是想选一本知识点齐全的图书作为案头的 PPT 操作教程，不用挑了，这本书适合你。

本书帮你解决了 3 个问题：

快速掌握 PowerPoint 最新版本的功能操作；

快速领悟 PowerPoint 页面美化的思维方法；

快速查找 PowerPoint 构思需要的各种素材。

我们不但告诉你怎么做，还告诉你怎样操作最快最规范！

我们不但告诉你如何做，还告诉你怎样构思最妙最有创意！

◆ 著　　　　 秋叶 PPT

　　责任编辑　李永涛

　　责任印制　沈　蓉　彭志环

◆ 人民邮电出版社出版发行　北京市丰台区成寿寺路 11 号

　　邮编　100164　　电子邮件　315@ptpress.com.cn

　　网址　http://www.ptpress.com.cn

　　天津市豪迈印务有限公司印刷

◆ 开本：690×970　1/16

　　印张：26.25　　　　　　　　　 2017 年 7 月第 3 版

　　字数：487 千字　　　　　　　　2019 年 5 月天津第 14 次印刷

定价：99.00 元

读者服务热线：(010)81055410　印装质量热线：(010)81055316
反盗版热线：(010)81055315
广告经营许可证：京东工商广登字 20170147 号

对于第一次接触这套丛书的读者，我坚信这是你学习Office三件套软件的上佳读物。

秋叶PPT团队从2013年全力以赴做Office职场在线教育，已经是国内最有影响力的品牌，截至2016年年底就有超过10万名学员报名和秋叶一起学习Office课程。

我们非常了解大家在学习和使用Office软件过程中的难度和痛点，不仅如此，我们也深刻理解为什么市场上的那么多课程或者图书让读者难以坚持学习下去。

因此我们对写书的要求是"内容新、知识全、阅读易"，既要体现Office最新版本软件的新功能、新用法、新技巧，也要兼顾到工作中会用到但未必经常用到的冷门偏方，更要兼顾到当今读者的阅读习惯，让我们的图书可以系统学习，也方便碎片阅读。

我们给自己提出了极高的挑战，我们希望秋叶系列图书能得到读者的口碑推荐，发自内心的喜欢。

做一套好图书就是打磨一套好产品，我们愿意精益求精，与读者学员一起进步。

对于第一次了解"秋叶"教育品牌的读者，我们提供的是一个完整学习方案。

「秋叶系列」包含的不仅是一套书，而是一个完整的学习方案。

在我们教学经历中，我们发现要真正学好Office，只看书不动手是不行的，但是普通人往往很难靠自律和自学就完成动手练习的循环。

所以购买图书的你，切记要打开电脑，打开软件，一边阅读一边练习。

如果平时很忙，你还可以关注微信公众号"秋叶PPT"，通过持续订阅阅读我们每天推送的各种免费的Office干货文章，在空闲时间就能强化习得的知识点在大脑里的记忆，帮助自己轻松复习，进而直接运用在工作中。

如果你觉得图书知识点较多，学习周期较长，想短期内尽快把Office提高到胜任职场的水平，我们推荐你去网易云课堂选择同名在线课程。和学校教育一样，教材搭配老师讲课，图书搭配同名在线课程，才是一套完整的教学体系。

依据读者的不同需求，我们的在线课程提供了更丰富、更细化、适合不同层次的选择。这就好比线下教育的基础班和提高班，不同基础、不同需求学员应该选择适合自己的课程，这样才是一套更科学的解决方案。甚至，我们的在线教学方式，除了不限时、不限次数的课程学习外，还提供了强化训练营，有同学陪伴，有老师答疑辅导，帮助大家掌握这些职场必会技能。

你一定想问一个问题：我买了图书，还需要买在线课程吗？购买了图书就包含了在线课程吗？

图书和在线课程是两个不同产品，并不包含彼此。

这里就要简单说说图书和在线课程的区别。我们的图书是体系化的知识，就像一个结构严谨的学习宝典，而我们的在线课程更侧重实训化训练，就好比教材配套的习题集。

全方位好Office软件的使用，你需要严谨的、体系化的图书宝典。但仅仅学习知识点，没有足够的、各种变着花样的习题训练，知识并不能自动变成你的能力。事实上，后者的工作量更大，因为要组织大家交作业，要实时答疑、要批改作业，最关键的是，设计出大家愿意动手交作业的习题非常难。这恰恰是图书无法做到的。

所以购买「秋叶系列」图书很好，它能方便你系统学习知识点和快速复习；

配套购买「秋叶系列」在线课程更好，一方面动手强化，另一方面深入提高，这是互补的教学设计。

最后，关注微信公众号"秋叶PPT"定期分享的干货文章，三位一体，构成了一个完整的学习闭环。

所以我们说「秋叶系列」提供的是学习解决方案，而不仅是一本书，更有趣的是，这个解决方案，你可以结合你自己的情况自由组合选择哪种学习方式。

我们的努力目标是降低大家学习的选择成本——**学Office，就找秋叶团队。**

对于"秋叶"教育品牌的老读者老学员，我想说说图书背后的故事。

2012年我和佳少决心开始写《和秋叶一起学PPT》的时候，的确没有想到，5年后，一本书会变成一套书，从PPT延伸到Word，现在加上了Excel，而且每本书都在网易云课堂上有配套的在线课程。

可以说，这套书是被在线课程学员的学习需求逼出来的。当我们的Word在线课程销量破5000人之后，很多学员就希望在课程之外，有一本和课程配套的图书，方便翻阅。这就有了后来的《和秋叶一起学Word》。我们也没有想到，Word普及20年后，一本Word图书居然也能轻松销量超过2万册，超过很多计算机类专业图书。

2017年初，我们的Excel/Word在线课程单门学员都超过1万人，推出《和秋叶一起学Word/Excel/PPT》图书三件套也就成为顺理成章的事情，经过一年艰苦的筹划，我们终于出齐了三件套图书，而且《和秋叶一起学PPT》升级到第三版，《和秋叶一起学Word》升级到第二版，全面反映了Office软件最新版本的新功能、新用法。

现在回过头来看，我们可以说是一起创造了图书销售的一种新模式。要知道，在2013年，把《和秋叶一起学PPT》定价99元，在很多人看来是一种自杀定价，很难卖掉。而我们认为，好产品应该有好的定价。我们确信通过这本图书，你学到的东西是远超99元的。而实际上，这本书在最近三年销售早超过了10万册，创造了一个码洋超千万的图书单品，这在专业图书市场上是非常罕见的事情。在这里，要非常感谢读者，你的认可让我们确信自己做了对的事情，也让我们不断提高图书的品质有了更强的动力。

其实我们当时也有一点私心，我们希望图书提供一个心理支撑价位，好让我们推出的同名在线课程能有一个好的定价。我们甚至想过，如果在线课程卖得好，万一图书销量不好，这个稿费损失可以通过在线课程销售弥补回来——感觉出版社看到这段话要哭了。

但最后的结果是一个双赢的结果，图书的销量爆款带动了更多读者报名在线课程，在线课程的学员扩展又促进他们购买图书。这是产品好口碑的力量！更让人愉快的是，在知识产权保护大环境还有诸多遗憾的今天，图书的畅销帮助我们巩固了「秋叶系列」知识产品的品牌。所以，我们的每一门主打课程，都会考虑用"出版+教育"的模式滚动发展，我们甚至坚定认为这是未来职场教育的一个发展路径。

我们能走到这一步，都要深深感谢一直以来支持我们的读者、学员以及各行各业的朋友们，是你们的不断挑刺、鞭策、鼓励和陪伴让我们能持续进步。

最后要说明的是，这套书虽然命名是"和秋叶一起学"，但今天的秋叶，已经不是一个人，而是一个团队，是一个学习品牌的商标。我很幸运遇到这样一群优秀的小伙伴，主编这系列丛书是大家给予我的荣誉，但我们是一个团队，是大家一起默默努力，不断升级不断完善，让这套丛书以更好的面貌交付给读者。

希望爱学习的你，也爱上我们的图书和课程。

大家好，欢迎各位来到PPT的世界！我是秋叶老师，你们的"新手村向导"。面对这个陌生的世界，相信你们一定有很多想要知道答案的问题吧？别急别急，你们想要问的这些问题，接下来我都会挨个儿解答！

答疑 01　**Q：我什么都不会，这本书适合我看吗？**

A：本书总的来说，适合这些朋友学习

1. **零基础的PPT菜鸟。** 本书语言通俗易懂，充分考虑了初学者的基础知识水平，哪怕你以前从来没做过PPT，也不会影响你看懂本书中的内容。

2. **想要告别 Office 2003等老旧版本Office的用户。** 本书所有内容及案例截图均使用PowerPoint 2016、Office 365版本，保证大家学到全而新的功能。

3. **不想花大价钱报班请老师的学习者。** 和所有技能型知识一样，学习PPT的核心不在于你听懂了多少，而是你会做了多少。本书专注于引导你如何去做，只要你肯跟着我们动手练习，完全可以通过自学达到工作中用好PPT的水平。

答疑 02　**Q：和其他同类书籍比，这本书有什么特色呢？**

A：其实如何写出特色也正是我写这本书时考虑得最多的问题

我问自己：我们为什么要学习PPT？是要立志成为微软公司下一代Office的开发者吗？是要成为Office应用能力认证的考官吗？不是。所以……

干嘛要花大量时间去逐一熟悉软件功能呢？

还记得在Office 2003时代曾经羡煞众人，引得众多发烧友用一整套复杂的动画去模仿的"翻书"效果吗？Office 2010版本之后可以直接在"切换"效果中一键设置了！所以……

干嘛要陷入过分追求技术高大上的深坑呢？

正是因为有了这些思考，本书从构思和写法上同过去绝大多数PPT书籍都有着明显区别的特点：

绝大多数写PPT功能的书	我们的书
按软件功能组织	按实际业务组织
截屏+操作步骤详解	图解+典型案例示范
书+花样模板	书+实战案例+高效插件
只能通过书籍单向学习	同名在线课程+微博+微信公众号

答疑 03 Q: 看完这本书，我都能学到哪些知识技巧呢？

A：关注学习者能力的实际提升，正是本书组织模式搭建之源

过去绝大部分讲PPT操作的书籍都是按照软件功能模块来组织：要么是按菜单功能逐一介绍讲解，要么是按版式、文字、表格、图表、动画来介绍，或讲几个案例。我们觉得这些组织方式都不错，但看完之后，学习者的PPT制作能力能提升多少呢？

所以，我们的组织模式是：

章节	这一章的思路	这一章的知识
1. 快速找对材料	先有素材，再做构思	找到PPT所需的各种材料
2. 快速统一风格	先定规范，再做设计	4步搞定PPT总体风格
3. 快速导入材料	先有内容，再做删减	快速导入PPT各种素材
4. 快速完成排版	先有方法，再做排版	高效对齐PPT页面元素
5. 快速美化细节	先有思路，再做美化	千变万化PPT页面修饰
6. 快速完成分享	先有干货，再做分享	分享PPT到电脑、网盘、微博
7. 快速提升效率	先有神器，再做提速	功能高大上的PPT插件

对于大多数人来说，制作 PPT 并不是一件愉快的事情，他们学习 PPT 真的是情非得已……

所以，抓住大家的实际需求，针对性地进行讲解，着重体现高效和套路化，是本书组织安排内容的重要准则。

答疑 04 **Q: 这本书有没有什么附送资源呢？**

A：当然有！并且我们只提供筛选过的精华！

感谢以下实用PPT插件作者的分享

1. OneKeyTools　　　　2. PocketAnimation　　　　3. Nordri Tools

感谢@读书笔记PPT 、@群殴PPT 提供的原创PPT模板

最新下载地址的获得方式

在微信【秋叶PPT】中回复关键词"图书配套"，即可获得最新的免费下载地址（插件版本更新较为频繁，不包含在配套资源中，下载方式详见第7章）。

答疑 05　Q: 能再详细说一下该如何获取相关资源吗?

A: 来来来,让秋叶老师手把手教你如何下载我们提供的配套资源!

Step1: 关注我们的公众号: 秋叶 PPT

　　首先打开微信,单击对话列表界面右上角的"加号",然后扫一扫下面的二维码加关注。

　　或者单击微信对话列表界面顶部的"搜索框",然后单击【公众号】,在搜索框中输入关键词"PPT100",最后单击键盘右下角的【搜索】,加关注即可。

Step2：在微信中发送关键词提问

如你想要获取本书的分享资源，就可以发送关键词"PPT图书配套"获得下载链接。

如你还有什么其他想要求助的问题，也可以在这里直接留言，或发送相关的关键词进行提问。

另：右图仅为示意，具体链接及密码以即时回复的信息为准。

Step3：单击下载链接，登录百度账号，将资源保存到你的百度网盘

保存之后就可以在任何电脑中随时登录网盘来找到它！云同步，云分享！

Step4：在电脑端登录百度云管家，下载已保存的资源

答疑 06　Q: 除了看书自学，还有别的学习渠道吗？

A: 害怕一个人坚持不下去？来网易云课堂参加我们的在线课程吧！

　　虽然本书通过各种方式尽可能地把新手学习PPT的难度降到了最低，但秋叶老师也知道，对于大多数人来说，学习毕竟不是一件轻松愉快的事，特别是当身边没有同伴的时候。

　　不妨用百度搜索"网易云课堂"，进入云课堂后搜索"和秋叶一起学PPT"，参加让你的PPT脱胎换骨的在线课程，和五万多学员一起学习成长吧！

加入付费学习的理由

　　① **针对在线教育，打造精品课程：** 秋叶PPT核心团队针对在线教育模式研发出一整套PPT课程体系，绝不是简单复制过去的分享。

　　② **先教举三反一，再到举一反三：** 这套课程为你提供了大量习题练习及参考答案，秋叶老师相信，经过这样的强化练习，你一定能将各种PPT制作技巧运用自如。

　　③ **在线同伴学习，微博微信互动：** 我们不仅分享干货，还鼓励大家微博、微信分享互动！我们不是一个人，而是50000+小伙伴。来吧，加入"和秋叶一起学PPT"大家庭，就现在！

答疑 07　Q：除了 PPT，我还能向秋叶老师学点什么？

A：作为一名贴心的大叔，秋叶老师为你准备了一整套实用课程哦！

和秋叶一起学PPT（4万付费学员）

单击

《和秋叶一起学PPT》课程标题下方讲师处的"秋叶"二字，即可跳转查看所有网易云课堂上"秋叶PPT"团队开发的课程。**包括且不限于：**

专注于Office办公软件实战能力的
Office 三件套课程

专注于手绘、笔记、职场综合技能的
职场竞争力提升课程

　　我们不但不间断地进行新课程开发，对已推出课程的升级和更新也从未停止过。

　　以《和秋叶一起学PPT》课程为例，首先是课程先后进行了数次改版，全面优化了视觉效果和学习体验；其次还陆续加入了章节配套视频范例。一次购买，终身免费升级，没有后顾之忧，这就是我们给所有学员的承诺！

目　录

CHAPTER

2

快速打造

高富帅 PPT

CHAPTER

3

快速导入

各种类材料

CHAPTER
4

怎样排版

效率最高

CHAPTER 5

怎样设计

页面更好看

CHAPTER 6

怎样准备

分享更方便

善用插件

制作更高效

和秋叶一起学PPT

哪里才能

CHAPTER 1

找到好素材

· 找不到好图片？不知道怎样搜？

· 找不到好字体？不知道怎样装？

这一章，教你搞定！

1.1　什么是 PPT 中的素材

好的PPT 一方面体现了设计者的逻辑，另一方面也体现了设计者的美感。

有美感的PPT需要大量的好素材才能美化。这些用来美化PPT的素材我们称为制作PPT的原材料。

PPT新手往往更注意PPT上的背景，图片或关系图示，而忽略了设计的元素还包括字体、配色、版式等应该注意的细节，所以，很多人认为做PPT就是找个好看的模板把内容一套就可以了。

PPT作为一种多媒体设计工具，有些看不见的设计强化手段，如动画、视频、音频等，也可以增强沟通的效果，也是我们需要特别加以留意和关注的。

我们在学习和阅读PPT时，除了要注意学习作者的逻辑和设计创意，也要学习作者利用哪些设计元素强化了PPT的**说服力**。

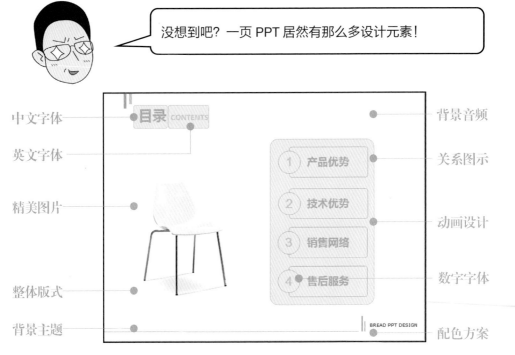

对普通人而言，在设计PPT的时候，最大的痛苦往往还不是如何美化素材，而是根本不知道素材在哪里。另一种苦恼是找到很多好素材后却不知道该如何取舍。

在这一章，我们将带领大家一起了解制作PPT时哪些素材是需要系统考虑的，有哪些渠道可以快捷获取素材。另外，我们还会提供一些可供参考的选材建议。

1.2 别忽略 PPT 中的字体

字体能让PPT立即与众不同

秋叶老师这里有两张PPT，你觉得哪一张更专业呢？右边的对吧？没错，右边的PPT之所以轻松胜出，抓住你的眼球，很重要的一点是用了恰当的字体和字号，当然还有配色。

衬线字体和无衬线字体

宋体　　**方正粗宋**

衬线字体：线条粗细不同，更适合小字时使用，投影时清晰度不高。

黑体　　微软雅黑

无衬线字体：线条粗细相同，更适合大字时使用，投影时更美观。

衬线字体的概念来自西方，他们把字母体系分为两类：serif和sans serif。

serif是衬线字体，意思是在字的笔画开始和结束的地方有额外的装饰，而且笔画的粗细会有所不同。相反，sans serif就没有这些额外的装饰，而且笔画的粗细差不多。

在传统书籍的印刷中，正文的文字通常是较多的，serif字体笔画的粗细之分使得文字、段落之间空隙更多，"透气感"更好，易读性较高，读者阅读起来视觉负担较小。中文字体中的宋体就是一种最标准的serif字体，因此一直被作为最适合的正文字体之一。

直观感受下无衬线字体段落的"压迫感"

但PPT这一形式，实际使用起来，投影观看的需求远大于打印或电脑屏幕观看。受投影仪分辨率、设备老化程度、幕布清洁程度等因素的影响，投影出来的实际效果较之电脑屏幕总是会有损耗。如果正文使用宋体等衬线字体，较细的横线笔画往往无法清晰地显示出来，文字内容的识别度下降，反而造成了阅读不畅。

投影仪分辨率　　　　光源损耗程度　　　　幕布清洁程度

均会影响文字投影效果

所以，投影状态下我们更倾向于在正文小字部分使用无衬线字体，标题字号较大时才使用装饰性较强的衬线字体。当然，无衬线字体干净、简洁、有冲击力，也可以用于标题，特别是商业、科技、政府报告等题材。另外，无衬线字体种类比衬线字体多得多，选择余地也更大。随着扁平化、极简风格的流行，无衬线字体正被越来越多的人所喜爱。

衬线字体	无衬线字体
优点	
透气性好 装饰性好 字形优雅	识别度高 有冲击力 简洁大方
缺点	
投影+小字状态易看不清 字体选择相对较少	中规中矩，难以表达和传递情绪

不管是选用衬线字体，还是选用无衬线字体，总的说来都没有绝对的对错界限，只有合适与不合适、恰当与不恰当之分。即便同是衬线字体或无衬线字体，风格上也可能存在较大的差别。我们的建议是：多尝试一些不同的字体，感受它们给人带来的情绪上的差别，找到最适合你PPT内容主题与风格特征的一款。

同是衬线字体　　风格也有明显区别

古香古色的"方正清刻本悦宋简体"　　现代潮流的"华康俪金黑"

1.3　PPT 用哪些中文字体好

不同的场合你可以用不同的字体

除了前面我们说到的来自西文字体"衬线"和"无衬线"的分类方法，就中文来讲，在 PPT 里面还经常会根据文字的使用场合、书写风格等不同来进行分类。

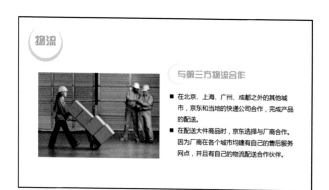

普通字体：

我们在 PPT 里用到的绝大多数字体都可以归为此类，包括且不限于微软雅黑、方正系列字体、汉仪系列字体、造字工房系列字体等。

钢笔字体：

钢笔字体的使用能让你的 PPT 立即充满文艺感。比较适合于教育、书籍、文化等领域的相关主题内容，包括且不限于方正硬笔行书、方正硬笔楷书、迷你简硬笔行书等。

书法字体：

书法字体能快速提高 PPT 作品的文化感。在中国风、水墨风的 PPT 里时常作为标题的首选字体类别，包括且不限于叶根友系列字体、李旭科毛笔行书、日本青柳衡山毛笔字体、禹卫书法行书简体、段宁毛笔行书、白舟隼风书体等。

儿童字体：

萌萌的幼儿风格字体。不管是用于低年级的教学课件，还是用于与儿童相关主题的PPT，都很常见。包括且不限于造字工房丁丁体、汉仪黑荔枝简体、汉仪小麦体、汉仪乐喵体、华康娃娃体、华康童童体等。

名人字体：

与钢笔字体比较类似，大都用于诗词、文学等主题内容的PPT。风格多数比较柔美，但也有个别比较张扬。包括且不限于方正静蕾体、郭敬明体、吴嘉睿手写字体、司马彦字体等。

POP字体：

主要用于海报、招贴、广告等场合，往往会结合漫画风格使用。实际上在很多日本漫画书籍的港台版译作中就用了许多类似的字体。包括且不限于华康勘亭流体、华康POP1体、华康POP2体、华康POP3体等。

　　不同的字体包含了不同的情绪。在PPT的设计过程中，根据整个PPT的内容和风格来选择一款合适的字体是一个至关重要的环节。不过，作为字体的使用者而非设计从业者，特别是普通的PPT用户，我们不可能在电脑里面安装大量字体，这就要求我们平时多关注和收藏一些字体网站，除了各大字体设计厂商的官网，还有如"站长之家""找字网""模板王字库"等综合性站点，做好素材的筛选和积累，这样才能以备不时之需。

1.4　PPT 用哪些英文字体好

除了前面提到的这些中文字体，很多PPT里也会用到英文字体。对于在外企甚至在国外工作的朋友来说，经常会有制作全英文PPT的需求。因此，在PPT中用对英文字体也是至关重要的，容不得马虎。

当然了，对于那些中英文结合的PPT，还得考虑中文字体和英文字体之间的匹配程度，如果二者的风格存在很大的差异，也是很难协调共存的。

一看英文就头大，就只说几种大类别好了……

和前面的中文分类一样，我们同样可以直观地从风格感受上把英文字体分为下面5大类型：

无衬线粗体：

现代感较强，一般用于科技、工业、商业、教育等领域。包括且不限于Roboto 系列、Arial 系列、Open Sans 系列、Impact 等。为了体现出层次对比，也常常搭配细体文字一起使用，但一定要注意做好主次之分，两种字体切不可势均力敌。

无衬线细体：

时尚感较强，一般用于时尚、潮流、设计、女性等领域。在英文字体中，有很多字体都有对应的细体造型，如上面的Roboto 系列字体中，就有专门的Roboto Light 细体造型，同样的还有在英文版Windows系统中常见的Segoe UI Light 等。

衬线传统字体：

最能体现英文"优雅"品质的字体，精心设计的衬线装饰让字母看上去精致感十足，想要提升PPT整体品味？用它就没错了！包括且不限于隶属于旧体风格的Garamond、Bembo、Tranjan及过渡体风格的Times New Roman。

手写字体：

装饰性极强的手写体，一般用于文艺、女性、节日等主题，请帖、写真相册上也非常常见。包括且不限于Edwardian Script ITC、Palace Script MT等。一般来说多数手写字体都会带有Script这个单词，搜索的时候认准即可。

复古哥特字体：

中世纪复古风格的哥特字体，适用范围相对较小，一般用于欧美复古风格的封面、标题。包括且不限于Old English Text MT、English_Gothic,_17th_c.、Sketch Gothic School等。

对于中英文混用的情况而言，最值得注意的就是二者在风格上的一致性了。

例如，中文如果使用了宋体这一类的衬线字体，那么相应的，英文也应该使用衬线字体，如Times New Roman 等。如果你看过本书的前两个版本，应该留意到在这一版（第三版）我们更换了文字部分的字体搭配方案。现在你所看到的方案即是中文字体"方正宋一简体"与英文字体"Times New Roman"的组合搭配，效果是不是很和谐呢？

1.5　PPT 用哪些数字字体好

PPT的正文、表格或图表中会大量用到数字，这些数字的特点是字号偏小，假如要清晰阅读的话，推荐优先使用英文Arial字体。

Arial字体在同等字号情况下，清晰度和美观度都可以兼顾，而且电脑都兼容。当然，如果没有特别的要求，为了简便，统一使用"微软雅黑"字体也是可行的选择。

偿债能力分析表

项目	第一年	第二年	第三年	第四年
短期偿债能力分析				
流动比率	2.17	2.05	1.97	1.87
速动比率	2.15	2.03	1.94	1.85
现金比率	1.55	1.47	1.38	1.23
各列用到的字体	宋体	等线	Arial	微软雅黑

在PPT中，数字的另外一种作用是强调和美化，如以名次、百分比、业绩等形式出现，或作为章节页的背景序号出现。但是要注意：**这样使用数字时，数字的字号往往需要刻意进行放大，字体进行加粗，或添加一些额外的装饰效果才能出彩。**

将数字3的字号放大为800，增加一定透明度后置于页面左侧做强调和装饰

将表达年份、人数的关键数字放大、加粗并设置为红色表示对成绩的强调

1.6　到哪里去找好字体

在微软的操作系统里面默认安装的字体是非常有限的，要丰富PPT的表达能力，你就得主动安装各种字体。

找字网就是这样一个分享字体的网站，比较有名的中文字体，如文鼎系列、方正系列、锐黑系列、华康系列、叶根友系列及各种书法字体都可以在找字网上找到字体。

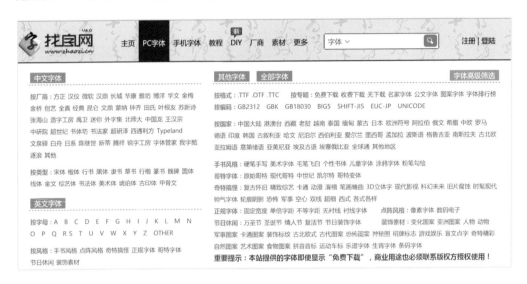

方正字库首页有一个"全部字体"按钮，单击后会跳转到字体筛选页面，你可以根据自己所需来挑选、预览、购买喜欢的字体。

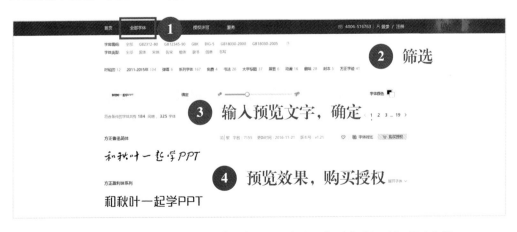

秋叶老师友情提示：商业字体使用请注意需要支付版权使用费！

造字工房也是一款不错的国内字体设计商，他们的多款字体也受到很多朋友的喜欢。**新蒂字体**中的黑板报体等字体也相当有趣和实用。

　　秋叶老师知道，有很多朋友都在电脑里安装了很多漂亮的字体，但你们是否意识到字体也是一种版权作品呢？我们在制作PPT时一定要注意避免字体侵权，在使用一款字体之前，最好先了解其是否是免费字体！

你知道计算机字库的 3 种主要使用方式吗？

| 内部使用 | 内置使用 | 商业发布 |

　　（1）**内部使用**：指个人或单位在其内部的计算机终端设备上安装并使用字库的行为。该使用行为仅限于在屏幕上显示和临时从打印机上输出两种。一般普通PPT制作属于这种行为，字库开发商不会追究。

　　（2）**内置使用（OEM）**：指将字库文件整体加载或捆绑到电子文件、影视剧、软件、硬件中，使之成为商品的一部分，并随该商品一起发行、销售的行为。如果没有经过合法的购买，这种行为已经涉及商业侵权，像很多分享在PPT分享网站的PPT模板，使用了付费字体却没有付费申明，属于侵权行为。

　　（3）**商业发布**：指以直接或间接营利为目的，将字体作为视觉设计要素，进行复制、发行、展览、放映、信息网络传播、广播等使用字体的行为，范围包括：商标标识、广告、海报、产品包装、说明书、宣传册、企业自有网站、宣传单张、防伪标识及其他形式和介质的商业推广。如果没有合法购买，这种行为显然会被字体设计厂家采取法律途径追究责任。

吓得我今后都只敢用思源黑体 * 了！

*思源黑体系列为谷歌公司开发的开源字体，字形优雅，免费可商用

其实大家也不必过于紧张。个人**非商业使用**，现在无论是方正通用规范字体，还是造字工房，都宣布将个人（非商用）字体产品于官方网站永久免费提供最新版本下载，足以满足普通PPT设计的需要。

造字工房仅许可个人用户在安装字库软件的电脑屏幕上显示，通过打印机和复印机等设备进行复制，将本字库软件的字型复制到可携式文件中，但复制的目的仅限于您的内部资料的使用需要，以及评定和修改您所设计的工作成果的需要。个人用户也可以将使用造字工房字库软件所设计、制作的工作成果提供给你所服务的客户，但该工作成果的用途仅限于你所服务的客户出于对你所设计、制作的工作成果进评定和修改的需要。

天下没有免费的午餐，当我们把字体用于商业场合时，请尊重原创者的劳动。只有这样，字体设计者才能不断创造出漂亮的字体。
请记住：商用字体不是免费的！

1.7　到哪里去找好的书法字体

在前面1.3节里，秋叶老师给大家介绍过一些常见的书法字体，但如果你只是偶尔想在PPT中制造不同的书法效果，又不想安装大量的书法字库，那不妨试试一些在线书法字体生成网站。这一类网站的基本操作是：**输入汉字，得到不同书法字体显示效果，把书法字体直接保存成图片，在PPT中使用这些图片即可。**

以"毛笔字体在线生成器"网站为例，操作过程如上图所示，非常简单。在第2步的时候，也可以设置字体大小、文字颜色、背景颜色。在PPT里使用的话，**建议勾选"透明"选项**，这样另存得到的图片是无底色的PNG图片，使用起来更方便。

同类的网站还有很多，如**书法字典**、**第一字体转换器**等网站，这里就不一一介绍了，大家可以自行用百度搜索。

配合书法字体，我们往往还会在PPT中使用印章文字效果。与上面的步骤相似，我们可以通过**makepic**、**随便吧**、**找字网在线DIY**等网站生成印章文字图片插入PPT中使用。

真是太棒了！

1.8　发现不认识的好字体怎么办

求字体网：有时候你发现一些图片设计中用到的字体非常漂亮，但是你并不知道是什么字体。没有关系，求字体网帮你解惑。

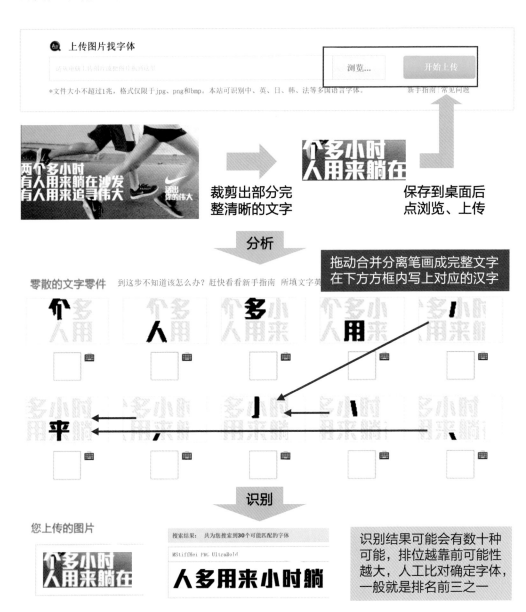

1.9　防止字体丢失的几种方法

装字库： 最好的方法是在使用的电脑上安装字库，但是如果经常要对外复制的文件，你不能指望每台电脑都安装了足够多的字库。

字体打包： 在PPT存盘时可以选择字体打包存盘，并选择仅嵌入演示文稿中使用的字符（这样可以减少文件的大小）。嵌入字体菜单在【PowerPoint选项】中设置。

字体打包详细操作见【保存PPT时携带字体】节

> ☑ 将字体嵌入文件(E) ⓘ
>   ◉ 仅嵌入演示文稿中使用的字符(适于减小文件大小)(O)
>   ◯ 嵌入所有字符(适于其他人编辑)(C)

　　如果你的字体没有打包存盘，那么其他人在编辑PPT时，会因为没有安装此字体，就会在修改后出现无法保存的问题，此时只能选择去掉嵌入文件的选项，重新另存文件解决。

转存图片： 不是所有的字体都可以打包进PPT，有时候你发现系统提示某些字体无法保存。

　　这是因为许多字体制造商为了保护版权，对自己的字体进行了许可限制。如某种字体，你可以使用该字体在显示器上显示，并在桌面打印机上打印，但是，你不能把该字体嵌入到文件中，也就不能用该字体出版你的文档。所以我们在保存PPT文档时即使选择嵌入这些字体，也会由于许可限制而失败。

　　如果PPT必须使用一些受限制的特殊字体，你可以将相应的文本框选中，直接按Ctrl+X组合键剪切后，用Ctrl+V组合键粘贴，然后点开文本框右下角的浮动按钮，选择右侧按钮"图片"即可。这个方法的缺点也很明显，将文字保存为图片后就无法编辑，所以只适用于最终版本的PPT文档。

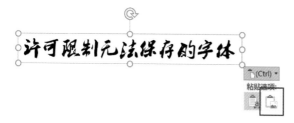

> Office 2013以上版本还可利用插件或"合并形状"功能，将字体转换为形状，转换后可改色，且更清晰。操作详见7.5节

1.10　PPT 支持的图片有哪些格式

都说PPT里面"文不如字，字不如表，表不如图"，图片对PPT的重要性不言而喻。因此，随着微软Office 版本的升级换代，PPT支持的图片格式越来越丰富，除了常规的PNG、JPG 等格式，还支持WMF、EMF 这样的矢量格式图片，极大地丰富了图片的来源。

在2016版Office中，PPT支持的图片格式又增加了目前最火热的SVG 可缩放矢量图格式，并内置了一整套SVG 矢量图标，即选即用，可随意调节大小和颜色，非常方便。

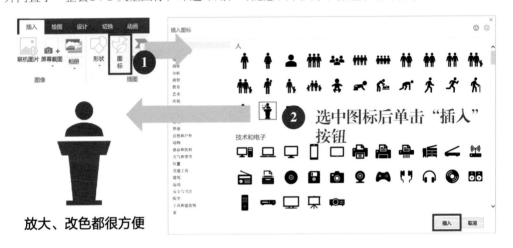

分辨率：除了WMF、EMF、SVG 格式的文件，其他的图片都存在分辨率问题，如果你的PPT使用了低分辨率的图片，投影时就会模糊不清，影响沟通效果；如果明明是一张低分辨率的小图片，非要强行拉大使用，效果就更是"不堪入目"。

这种情况下，不妨另选一张清晰的图片，或在Chrome浏览器中右键单击图片，选择"**通过Google搜索图片**"，尝试搜索同一张图片的高分辨率版本。

1.11　哪些网站的图片质量高

　　要找到好图片，就得收藏一些找图的好网站。不过要提醒各位，好图片往往都有版权，即使是网络上免费下载的图片，用于商业场合，都会涉及版权问题。

　　当然，也有一些网站专注于收集（或贡献）免费可商用的图片，虽然图片数量相对较少，但用于日常PPT制作还是绰绰有余。如最大的无版权可商用图片站点Pixabay。

　　只需在搜索框中输入关键词（支持中文）进行搜索，就可以得到一系列相关图片，而这些图片均是免费可商用的。下面是搜索"圣诞"的结果（注意第一排黄底色部小尺寸图片是付费图片站点的广告）。单击图片跳转后就可以免费下载了，原创图片分辨率**非常高清**！

　　除了Pixabay，还有Pexel、Unsplash、Freepik等免费图片网站，以及全景网、500px等付费站点，图片质量都很高。因为版面有限，无法一一列举，大家可以留意"知乎"上的相关话题，有不少PPT高手，甚至平面专业设计师对此都有完备的整理和分享。

1.12　别忽略强大的图片搜索引擎

图片网站虽然好，但是别忘了强大的搜索引擎，不同的搜索引擎搜图功能各有侧重，总的来说，谷歌图片的搜图功能最为强大，其他搜索引擎各有特色。

（1）假如是英文搜索，谷歌和必应的搜索结果领先。

（2）选择什么样的关键词来应对不同的搜索引擎，搜索结果和搜索质量会差别很大。

（3）色彩检索指搜索含指定颜色类型的图片，类型检索指搜索"剪贴画、动态图片、壁纸、QQ表情"类图片。

（4）"相似图片"指搜索引擎会推荐更多和搜索结果类似的图片，"更多尺寸"指搜索引擎会推荐更多不同尺寸的图片。

（5）"底部推荐"指搜索引擎主动推荐的相关关键词。

（6）"图片搜索"指上传一个本地或网络图片，搜索出和它类似的图片。

对比网站	色彩检索	类型检索	相似图片	更多尺寸	底部推荐	图片搜索	社交分享
谷歌	√	强	√	√	无	最佳	
百度	√	最强	√		中	√	
搜狗	√	中			中	√	3种
360	√	弱			弱	√	5种
必应	√	中		√	强		

对比时间：2016-12-15

下面我们就用谷歌图片搜索的结果介绍主流搜索引擎，用关键词搜索出结果外，提供的更多搜图功能支持。

当你对搜图质量不满意时，请试试这些菜单功能。

Google 图片

该图片的来源网站 ————————● 图片来源网站
3D小人
nipic.com

完整尺寸的图片 ————————● 图片基本信息
1024 × 768 (1.6x 倍大), 53KB
更多尺寸 ————————————— 搜索更多尺寸的同样图片

按图片搜索 ●——————————— 搜索采用本图片的网站
相似图片 ●———————————— 搜索和本图片类似的图片

类型：　JPG

图片可能受版权保护。 ———————● 图片版权免责申明

　　另外，我们还要特别推荐一个一站式搜索网站给大家。它虽然不是搜索引擎，但胜似搜索引擎，这个网站是：虫部落。

　　看到顶部的"图搜"二字了么？单击进去，你会发现页面左侧列出了国内外一系列的网站，从国内知名的"站酷"到我们前面推荐过的Pixabay、Freepik，在这里都可以一网打尽！只需单击相应的图标，就能在不同的站点中随意切换访问，相当方便。

　　与之类似的，还有一个更牛的网站：AnywhereAnything。你可以在这个网站先输入关键词，再单击图标，它会自动跳转到对应站点搜索该关键词。如此一来，在不同图片网站中搜图，连反复输入关键词、"点搜索"的时间都可以省下了。

1.13　为什么你搜图的质量比我好

对于搜图，有不少新手都向秋叶老师提过一个类似的问题——同样是使用搜索引擎来搜索图片，为什么自己总是搜不到"老鸟们"搜得到的那些好图呢？

原因很简单，因为"老鸟们"搜图都有一套独到的方法，可不是盲目乱搜一气哦！现在，秋叶老师就把这套方法也教给大家。

关键词搜图法：最基本的搜图法，简单来说就是想找什么搜索什么。

如你想找一张反映"成长"的图片，你可以直接搜索关键词"成长"：

中文关键词"成长"的搜索结果如左图所示。图片质量参差不齐，很多类似海报的图片都是无法直接使用的。

试着把"成长"翻译成英文"growing"，然后再放到谷歌里去搜索看看结果如何？

英文"growing"的搜索结果如右图所示。能表达成长变化各阶段的图很多，而且还有不少是白底图片，不管是整体使用还是分拆抠图都很方便。

需要说明的是：

（1）即便不使用谷歌，用百度搜索英文关键词有时也会比搜中文的结果好；

（2）中英文关键词都有同义词和近义词，若不满意搜索质量，可以换换关键词试试。

组合词搜图法： 有时候，单凭一个单一的关键词进行搜索，搜到的图片范围太广，有大量不适合用于PPT制作或不适用于当下需求的图片，人工筛选起来很费劲。此时组合一系列关键词进行搜索，为搜索增加一些限定条件，搜出来的图片就更精准一些。

根据需求的不同，关键词的组合方式可能是多种多样的，不过我们还是给大家提供了一个基本的关键词组合公式：

组合词搜图法=主关键词+辅助关键词/类型关键词

这个公式是什么意思呢？举个例子，如我们到年底了要做年终总结报告PPT，其中有一部分是讲公司业绩的，我们的任务就是为这一部分的章节页找一张配图。

既然是讲业绩，那么"业绩"就是我们首先选定的关键词。在百度图片上搜索"业绩"，得到的结果是这样的：

这些图片是不是都可以用来制作PPT呢？显然不是的。上面这些搜索结果，第一排中间的某本名为《业绩》的书、第二排末尾及第三排的几张某某部门业绩展板，以及一些已经配上文字了的成型作品，都不能作为图片素材使用到我们的PPT里面。

出现这么多无关图片，究其原因就是因为我们关键词设置得太宽泛，试试加上一个**辅助关键词**，搜索"业绩上升"，结果会怎么样呢？

看，加了"上升"之后，搜到的图片是不是明显好多了？再也没有那些书籍、展板一类完全用不上的图片了，对吧？这就是使用辅助关键词对搜索结果进行限定之后的结果。

图找好了，PPT 果然魅力大增啊！

那什么叫**类型关键词**呢？类型关键词就是指明素材图片属性和类型的关键词。如当我们需要做到"团队合作"等主题的PPT时，如果直接搜索"团队"，结果就会有些尴尬——这些图片上的人并不是你的团队成员，出现在你的PPT上会显得格格不入。

此时加上一个类别关键词，搜索"团队 剪影"，问题就可以迎刃而解了。把下面的剪影图片用到PPT里，你就再也不会尴尬和烦恼啦！

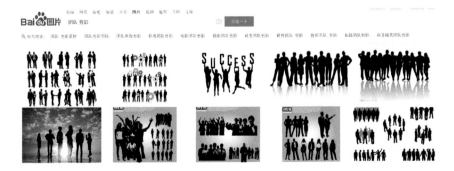

同样，搜到的图片构图不好？加上关键词"摄影"再搜一次；画质不佳？加一个关键词"壁纸"试试，结果立马大为不同（也可同时混用辅助关键词进行尝试）。

联想词搜图法： 有时候使用关键词搜图法和组合词搜图法，依然难以找到满意的图片，特别是一些政务类、学术类的PPT，需要展现一些偏理念或概念化的内容，很难利用关键词找到对应的图片，这时就要借助发散思维来搜图。

这个过程好比你在大脑里尝试构思一幅画，试着描述你要找的图片是一个怎样的场景，把这个场景灵感写下来。你写下的词语就是新的关键词，然后再用关键词搜图法、组合词搜图法去搜索。

如要找一张图片来表达"好奇"，无论是中文还是英文关键词"**Curious**"搜索都不理想，什么场景能表达"好奇"呢？

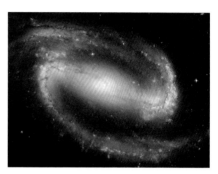

浩瀚的星空总是能激发人类的好奇心吧——得到关键词"星空"。

孩子踮着脚扒着栏杆向外偷看是好奇吧——得到关键词"踮脚"。

结合"相似图片"的搜索功能，优秀的图片就会一张接一张地出现在我们的视野中了。

联想搜图法无非是把抽象的形象具体化，要找一张完美的图片，你得有足够发散的思维能力。在百度和谷歌搜索出来的结果里面，往往有些图片场景很不错，只是图片质量不够理想，但也足够启发你把这个场景变成一个"新关键词"搜搜看，也许就会有惊喜。

另一个可以经常用到的方法是逆向思维，你可以选择反义词搜索，如要表达"坚持"，可以选择用"放弃"去搜索。不过请千万注意其中标准拿捏的微妙：同样是一个跑步累坏了趴在地上"打算放弃"的人，如果此时画面左上角有一只向他伸来的手，这张图就可以用于表达"坚持"，但如果画面背景是一双双掠过他奔跑的腿，那这张图就真地只能表达"放弃"了。

顺便说明一下："联想词"搜图的方法也适用于一切支持图片搜索的网站，绝非仅仅在搜索引擎中成立。

在搜索时代，大部分做PPT的场合，其实并不需要一个超级图库，而是需要一个有发散思维能力的大脑。

再次友情提示：

图片虽好，也有版权，商业使用，务必谨慎。

1.14　如何找到满意的卡通图片

2014年12月2日，微软Office 365团队宣布关闭Office剪贴画功能，使用必应图片搜索取而代之。在PowerPoint里使用"剪贴画"的日子从此一去不复返。使用内置的必应搜索，虽然能够搜到很多免费图片，但原本在"剪贴画"里常见的卡通图，现在却不见了踪影。

而如果我们利用谷歌这样的搜索引擎来搜索卡通图，得到的图片又大多有水印和版权限制，无法直接使用（下图为谷歌搜索的部分结果，10张图片里没有水印的仅3张，且画质堪忧、画风过时）。

如果你从事的是幼教等相关职业，卡通图片一定是你制作PPT必不可少的素材，"剪贴画"功能的取消很有可能顿时让你制作PPT的难度加大了不少。不过只要你知道Freepik这个网站，就完全不必为找不到优质的卡通图片而担心了。

还是以搜索汽车为例，在搜索框中输入"car"（国外网站记得使用英文搜索），回车进行搜索，勾选左上角网站logo下方的Vectors、Selection分类复选框，我们就能得到上千张高品质的卡通汽车图。

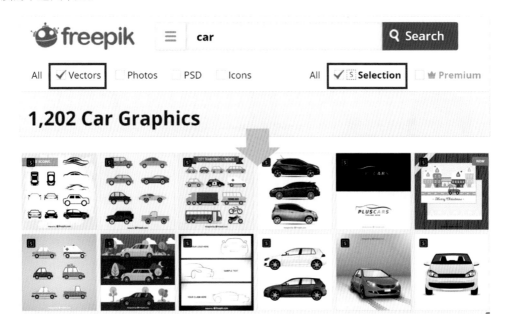

挑选自己喜爱的汽车图片，免费下载素材文件（注意这里的文件不是图片，而是包含.ai及.eps格式文件的压缩包），解压出.eps格式的文件，直接拖曳进PowerPoint编辑窗口（需要Office 2013及以上版本），两次取消组合后删除不需要的部分，就可以得到具备形状属性的汽车了。也就是说，图像放大不会模糊失真，还可以随意更改颜色，实在是太酷了！

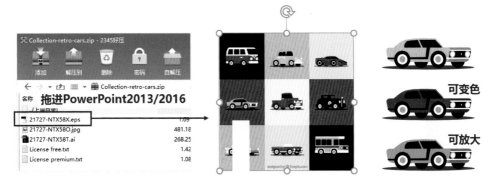

两次取消组合、删除不需要部分

当然，如果你装有Adobe Illustrator（简称AI）的话，这些素材用起来就更方便了！

1.15 精美的图标素材哪里找

图标搜索： 在PPT设计中经常需要用到互联网或多媒体的小图标，又或者是移动互联网产品图标，以及一些通用标识图标。图标文件可以简明扼要地传递大量信息，甚至通过改造和组合轻松塑造颇具场景感的画面。

图标素材

那么，这些图标素材有哪些方便的获取渠道呢？

你可以采取组合关键词搜索策略，如在百度图片搜索"地球 图标"或"地球 图标素材"，会出现很多图标图片。选择合适大小的图片下载即可，注意尽可能选择**PNG**格式的图标文件，**PNG**格式可以保留图标背景的透明度，免去手工抠图的麻烦。

除了通用搜索引擎，我们还可以去专业的图标网站搜索下载图标。如国内首屈一指的**"阿里巴巴矢量素材库"**，输入关键词搜索后，鼠标光标指向想要下载的图片，单击下载。

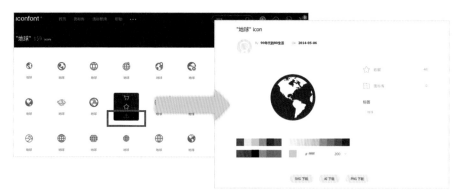

在弹出的对话框，我们可以先根据需要，使用16进制的颜色代码来指定图标颜色，然后直接下载变色后的PNG图片（此方法适合旧版PPT用户）；如果你是PowerPoint 2016的用户，则可以直接下载SVG格式的图片，插入PPT后再根据需要调整大小和颜色，非常灵活。

同类网站还有Easyicon、Noun project、Icon8、Human pictogram（上面那个霸气小人儿的图标就来自于这里）等，大家可以自行访问尝试，这里就不一一介绍了。

1.16　找到的图片不够好怎么办

　　我们通过各种渠道找到的图片有时并不能直接使用，往往需要借助PPT的裁剪、变色、特效、去背景等功能对其进行调节和修改。自从PPT进入2013版之后，图片修改功能得到了长足的进步，大多数时候我们已经可以无需借助外部软件就完成对图片的"改头换面"。

　　如下面这个例子，同样一张图，仅仅是通过裁剪，就可以做出3页不同的PPT来。

　　而利用强大的"艺术效果""颜色""更正"及"三维转换"等高级图片处理功能，我们更是可以做出以前只有通过Photoshop才能完成的特效，如把秋叶老师变成……

　　这也从另一个角度凸显出了使用高版本PowerPoint软件及充分了解软件功能的必要性——很多时候我们只要做到了这一点，应对日常PPT制作所需的修图需求就足够了，没有必要再为此额外花时间去学习Photoshop等专业修图软件。

　　当然了，现在手机上也有非常多的修图软件，如美图秀秀、泼辣修图等，大都功能强大、简单好用，我们也可以用它们来加工图片素材，使图片能更好地为表达PPT主题服务。

1.17　PPT 图示应该怎样选

在PPT设计中，我们经常会用各种关系图来表达"并列、递进、总分……"等关系。过去，我们只能到网上去下载各种各样的模板，以获取其中的关系图示。如以水晶华丽风格著名的韩国TG模板，在国内就一度处于被滥用的地位，直到现在都还有人使用。

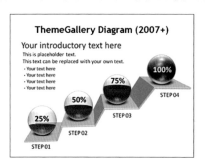
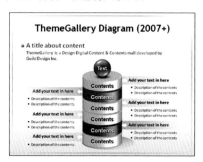

随着大家审美品位的提高及扁平化风格的流行，PPT中的图示已经不再需要那么华丽的效果，绘制步骤也随之变得简单易学。特别是自Office 2007版开始SmartArt功能的加入，更是让图示绘制的门槛变得平易近人，多数时候，我们已经不用再为了几个特定的图示再去下载一大堆PPT模板了，自己动动手就能画出来。

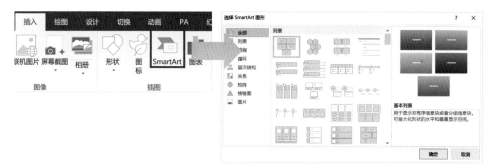

在SmartArt中，我们可以根据需要选择各种不同的关系图示基本款，插入PPT页面后再进行结构和风格的进一步调整。如果改动较大，还可以对SmartArt图形取消组合，将其转化为数个普通形状，通过复制粘贴其中的元素，在延续其风格的前提下实现更加个性化的需求。

选择、使用关系图示的关键

（1）确保找对符合你想要表达的逻辑关系那一个图示，而不是只选择最美的那一个；

（2）确保图示的风格与整个PPT的风格一致，如不要在扁平风的PPT里使用水晶风的图示；

（3）同一份PPT中的图示应该保持风格上的稳定和一致性，而不是每页都用一种新风格。

1.18　哪里去找 PPT 需要的图示、模板

目前，国内的PPT图示、模板分享社区的发展相对已经较为成熟，尊重版权、付费购买原创PPT图示和模板也已经成为了主流。在这里呢，秋叶老师就给大家推荐几个原创能力强、作品品质上乘的站点。

OfficePlus

微软官方的模板商城，质量有保证不说，关键是还免费！总结报告、项目策划、产品推荐，以及各类实用图表，这里全都有。

演界网（锐普旗下）

演界网是隶属于锐普的PPT模板销售网站，拥有大量优秀的付费模板图示，作者往往都是锐普论坛里的知名大神级人物，成套的合集作品较多，其中就包含了非常多的PPT图示。

PPTSTORE

国内知名的PPT模板销售网站，入驻了大批原创能力超强的作者。大家都熟知的90后天才PPT大神@Simon_阿文就是在这里一次一次地刷新了模板销售的记录，建立起自己在PPT模板领域不可超越的地位。

当然，除了上面几个站点，WPS稻壳儿、锐普论坛等网站也都有很多优秀的图示和模板。如果你要找特定的图表或关系图示，也可以灵活使用搜索引擎进行直接搜索。最后，还是再次提醒大家：**PPT模板同样存在版权问题，请勿私自分享他人的付费PPT模板！**

1.19　哪里去找 PPT 动画的教程

有的朋友想学习制作一些很酷的动画效果，但是不知道如何开始学习，这里介绍几种简单的学习方法。

方法一：在锐普论坛等PPT交流社区的教程版块看帖学习，一步步跟着教程进行仿制，在此过程中注意领悟每一个步骤的作用，以及为什么要这样做。

方法二：有时我们能在网上下载到一些动画PPT的源文件，打开下载的PPT文件，进入"动画窗格"界面，仔细分析别人的动画组合顺序，可以逐个隐藏看变化，从中了解别人的动画创意——注意从动画动作、时间轴、效果选项设置三个方面去综合观察。

方法三：如果对PPT动画没有太多研究，基础较为薄弱，可以学习一些系统的PPT动画课程，如网易云课堂《和秋叶一起学PPT动画》。这门课程深入浅出、生动有趣，每一堂课既有讲解细致、一看就懂的视频版，又有适合复习查阅、非Wifi环境观看的图文版，绝对是你学PPT动画入门的不二之选。

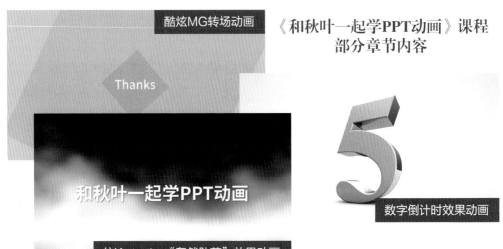

《和秋叶一起学PPT动画》课程部分章节内容

方法四：如果你对基础的PPT动画已经有所掌握，想要学习更高级的动画教程的话，可以通过微信、微博、QQ群等渠道加入"口袋动画"（PocketAnimation，简称PA）插件的爱好者组织。借助动画插件，许多原本极为复杂甚至无法手动完成的动画效果，现在都可以轻松搞定。关于口袋动画的基础知识及相关功能，我们会在第7章中为大家进行专门讲解，对PPT动画感兴趣的朋友可以重点关注一下。

不过请切记：工作中使用的PPT千万不可加入过多动画效果！

1.20　哪里去找 PPT 需要的配乐

　　有时想在PPT中配一些合适的音乐，最省事的方法还是百度搜索。比如想找轻快的音乐，百度搜索关键词："轻快的音乐"，就会出现很多音乐视频相关链接。不过这样搜到的音乐往往不能保证品质，而且会有大量的重复资源，虽然搜索时省事，但接下来的筛选工作却会浪费掉大量的时间。

　　我们推荐大家在"网易云音乐"上去搜索配乐所需的音乐资源。只需进入"网易云音乐"的首页，在顶部右侧搜索框中输入"背景音乐"进行搜索，然后单击搜索结果分类中的"歌单"，就能看到由广大音乐爱好者们收集整理的优秀背景音乐了。

　　如果你的PPT需要某些特定情绪的音乐，也可以结合这些情绪的关键词进行搜索，如"舒缓 背景音乐""动感 背景音乐"等。

　　除了网易云音乐，还有一系列类似的站点也提供这样的歌单功能，如虾米音乐、QQ音乐等，如果你平时就是一个爱听音乐的人，相信这些功能也不用我来一一介绍了。

　　和选图片一样，选音乐也是PPT设计中大家公认最头疼的问题之一，因为问题背后的本质不是选一首好听的音乐，选一张好看的图片，而是思维的可听化和可视化。这需要设计者全面了解图片和音乐的内涵，结合自己PPT演示情境和内容表达进行定制。

　　如果你的乐感很好，动画能力又强，倒是可以把音乐的节奏与PPT动画的构思和安排结合起来，不过这就要求你对音乐与PPT设计有一个全盘的考虑了——毕竟我们没办法像拍电影那样，先把视觉化的PPT做出来了，再请人来配乐；也不可能为了迎合某一首背景音乐完全放弃PPT的构思，最终把PPT做成了音乐的MTV。不过，正是因为有难度，才称得上是设计，难道不是吗？

1.21　哪里去找 PPT 设计灵感

如果做PPT时对创意的要求很高，实在找不到创作的灵感时不妨去以下网站逛逛，好的构思、版式和配色灵感一定能启发到你。

站酷网

优设网

花瓣网

Dribble

Behance

Pinterest

虽说PPT离专业的平面设计还有一段距离，但从设计灵感方面来讲，却是并无两样的。甚至说，PPT设计风格的流行和趋势，与平面设计风格的变化是分不开的。因此，上面这些平面设计师们寻找设计灵感的网站也同样适合PPTer们！

另外，秋叶老师及秋叶PPT旗下的微博、微博话题及微信公众号，也有大量的干货教程、经验分享，绝对值得你关注，现在就拿出手机添加关注吧！

微博：@秋叶
关注他，你就不会错过国内高手原创的精彩PPT。

微博：@读书笔记PPT
汇集最精彩的读书笔记PPT作品，长期有转发赠书活动。

话题：#群殴PPT#
关注微博话题#群殴PPT#，学习脑洞大开的PPT改造术。

公众号：幻方秋叶PPT
2016有道云笔记收藏数据榜单职场类最有价值公众号Top4。

和秋叶一起学PPT

—— 快速打造 ——

CHAPTER 2

高富帅 PPT

- 打造一个帅气的 PPT 需要几步?
- 时间紧迫,老板催着要怎么办?

这一章,教你搞定!

2.1　那些年我们看过的"辣眼睛"PPT

简单易上手，是PowerPoint软件的最大优点之一。之所以很多PPT动画爱好者宁愿用PPT折腾几个小时去完成After Effects等专业动画后期合成软件上分分钟就能搞定的效果，很大程度上就是因为这个原因。

但是，也恰恰是因为简单易上手，让很多人都认为PPT没什么好学的，他们满足于几分钟就能做出来的入门级PPT，自认为这就是会做PPT了，不愿意再多花功夫去继续学习。所以你会发现，不少求职简历上写着"熟练运用Office软件"的人，做出来的PPT是这样的。

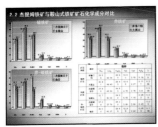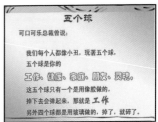

有的人可能对此不以为然。在他们的心目中，自己虽然也没花什么时间去学习PPT，但总不至于把PPT做成上面这个样子——因为他们收集了一大堆精美的**PPT模板**。

可事实上，如果你不懂基本的PPT设计，再精美的PPT模板也只能是白白被你糟蹋掉。

@Simon_阿文 的付费PPT模板　　　　　偶遇某使用了该模板的PPT

问题出在哪里？

　　新手制作PPT，即便使用了模板仍然极有可能"辣眼睛"的很大一个原因在于不知道该如何进行排版。要理解排版的重要性，我们不妨来看看下面两张图片。

 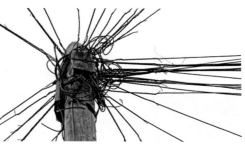

　　同样是有非常多物件的两幅画，左图的摄影器材大的大，小的小，长短形态各不相同，但整体感觉却是整齐有序的；而右图的电线，虽然质地、粗细、颜色都是差不多的，但整体看上去却非常之混乱。

　　而同样是线缆，甚至还有各种不同的颜色，但下面的两张图，会让你有混乱之感吗？

　　由此可见，如何排列和放置物件，对我们的感受认知起着非常重要的作用。同样，在PPT里面，如果我们不重视排版，只管把手中的文字和图片素材一股脑地丢到页面上，又或是根据文字内容多少随意更改模板上的元素大小、位置，只求能把内容"装完"，最终效果自然是一团糟了。

原来如此啊！

标题乱改排版和颜色

字多就随意拉大色块

2.2 打造一个帅气的 PPT 需要几步

制作PPT就好像是穿衣打扮，虽然我们普通人很难像男明星男模特那样穿件白T恤都能迷倒万千少女，但好好收拾收拾，能在自己的基础上展现出阳光帅气的一面还是没什么压力的。

打造一个帅气的形象我们可能会从发型、妆容、衣着、配饰等方面入手，打造一个帅气的PPT是否也有一定的套路可循呢？

根据多年的观察与实践，秋叶老师给大家总结出了一套简单的**四步变身大法**，只需要你按图索骥，完成这指定四个步骤的操作，你的PPT就一定可以变得干净又帅气！虽然比不上那些PPT高手的作品，但胜过套模板之作，还是轻松无压力的。

记好啦，这四个步骤分别是：**统一字体、突出标题、巧取颜色、快速搜图**。

Step 1	Step 2	Step 3	Step 4
统一字体	**突出标题**	**巧取颜色**	**快速搜图**

简单解释一下这四个步骤：

（1）统一字体：将PPT文字部分使用的字体一键设置为"微软雅黑"等稳妥的字体；

（2）突出标题：采用加大字号、加粗、换行等方式，突出标题内容；

（3）巧取颜色：通过对Logo取色或沿用企业VI用色，对PPT进行简单的配色；

（4）快速搜图：利用"关键词搜图法"等方法为PPT配图。

接下来，我们就通过实际案例对这四个步骤进行具体说明，欢迎大家一起来练练手。

Step1：统一字体

在第1章，秋叶老师给大家介绍过一些不错的中文字体。但是想要使用这些优秀的字体，需要预先进行搜索、筛选、下载、安装等一系列的准备工作。即便完成了这一系列的工作，一旦换用别的电脑进行浏览，又可能面临缺字体的情况。所以，对于日常工作用PPT而言，我们推荐大家优先使用美观度尚可的 Windows 系统自带字体"微软雅黑"以避免这样的尴尬。

实例 01　**快速将 PPT 的字体统一为"微软雅黑"**

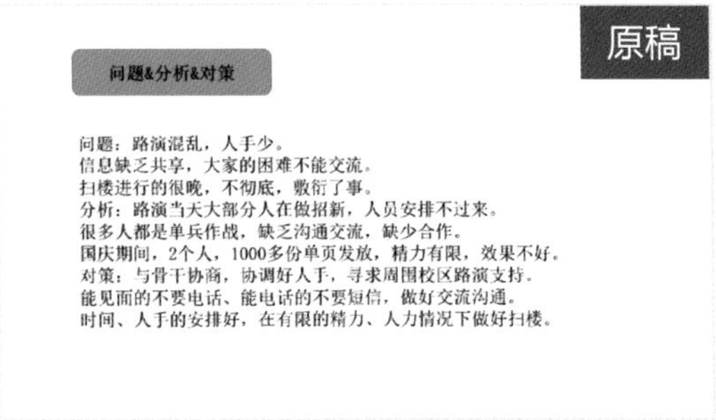

操作方法：

在"开始"选项卡最右侧找到"替换"按钮，单击按钮旁边的小三角展开下拉菜单，选择"替换字体"，在弹出的对话框中，设定好替换方案——将"宋体"替换为"微软雅黑"，单击"替换"按钮即可。

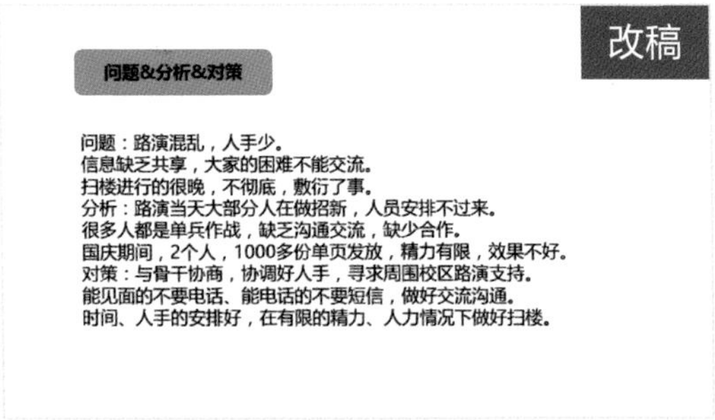

要点提示：

（1）本操作会将整个PPT所有页面中使用"宋体"的文字都更改为"微软雅黑"字体，并非只针对当前页面。

（2）如果目标PPT还使用了其他字体，可将上图中的"宋体"改选为对应字体，重复本操作，直至所有字体都统一为止。

Step2：突出标题

经过第1步操作，页面文字看起来更清晰整洁了，但文字的数量太多，给阅读和获取信息造成了很大的阻碍，因此我们需要把这段文字的要点标题突出展现出来。有一种说法是PowerPoint，要的就是具有Power 的Point——这里的Point就是指要点、标题。

实例 02　通过加粗、放大、缩进，突出要点标题

原稿

问题&分析&对策

问题：路演混乱，人手少。
信息缺乏共享，大家的困难不能交流。
扫楼进行的很晚，不彻底，敷衍了事。
分析：路演当天大部分人在做招新，人员安排不过来。
很多人都是单兵作战，缺乏沟通交流，缺少合作。
国庆期间，2个人，1000多份单页发放，效果不好。
对策：与骨干协商，协调好人手，寻求周围校区路演支持。
能见面的不要电话、能电话的不要短信，做好交流沟通。
时间、人手的安排好，在有限的精力、人力情况下做好扫楼。

操作方法：

选中段落中的标题文字。本例中的标题内容为"问题：……""分析：……"及"对策……"，这些文字并不连续，所以需要按住Ctrl键，分别进行拖选。选中后单击"加粗"按钮，再适当加大字号。选中内容文字，为其设置缩进，进一步突出标题。

按住Ctrl键拖选标题　　**由24加大为28**

微软雅黑 (正文)　　28

B *I* U S abc Aⱽ

字体

按住Ctrl键拖选内容　　**单击设置缩进**

段落

改稿

问题&分析&对策

问题：路演混乱，人手少。
信息缺乏共享，大家的困难不能交流。
扫楼进行的很晚，不彻底，敷衍了事。
分析：路演当天大部分人在做招新，人员安排不过来。
很多人都是单兵作战，缺乏沟通交流，缺少合作。
国庆期间，2个人，1000多份单页发放，效果不好。
对策：与骨干协商，协调好人手，寻求周围校区路演支持。
能见面的不要电话、能电话的不要短信，做好交流沟通。
时间、人手的安排好，在有限的精力、人力情况下做好扫楼。

要点提示：

（1）加粗、放大要点标题后，有可能会导致标题文字跳行，可适当拉宽文本框进行调整。

（2）记得对本页的大标题也进行相应调整，保证其字号等于或大于要点标题，以体现正确的逻辑层次关系。

Step3：巧取颜色

为了让标题与要点更加突出和显眼，使观众能一眼就抓住内容精髓，我们往往还会对它们设置与正文文字不同的颜色。

如果你的单位有特定的企业用色或VI用色，可以直接套用，如果没有，从企业Logo上取色也是一个不错的选择。

实例 03 从企业 Logo 中取色套用

原稿

```
问题&分析&对策

问题：路演混乱，人手少。
    信息缺乏共享，大家的困难不能交流。
    扫楼进行的很晚，不彻底，敷衍了事。
分析：路演当天大部分人在做招新，人员安排不过来。
    很多人都是单兵作战，缺乏沟通交流，缺少合作。
    国庆期间，2个人，1000多份单页发放，精力有限，效果不好。
对策：与骨干协商，协调好人手，寻求周围校区路演支持。
    能见面的不要电话、能电话的不要短信，做好交流沟通。
    时间、人手的安排好，在有限的精力、人力情况下做好扫楼。
```

操作方法：

在当前页面插入企业Logo图片，如果没有现成图片文件，到企业官网截图也是不错的选择。

选中段落中的标题文字，打开"文字颜色"下拉菜单，选择"取色器"，移动吸管工具到Logo上单击即可。

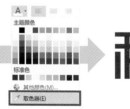

改稿

```
问题&分析&对策

问题：路演混乱，人手少。
    信息缺乏共享，大家的困难不能交流。
    扫楼进行的很晚，不彻底，敷衍了事。
分析：路演当天大部分人在做招新，人员安排不过来。
    很多人都是单兵作战，缺乏沟通交流，缺少合作。
    国庆期间，2个人，1000多份单页发放，精力有限，效果不好。
对策：与骨干协商，协调好人手，寻求周围校区路演支持。
    能见面的不要电话、能电话的不要短信，做好交流沟通。
    时间、人手的安排好，在有限的精力、人力情况下做好扫楼。
```

要点提示：

（1）为了体现出逻辑层次上的区别，我们可以将页面的大标题设计为底色红色、文字白色的反白形式。

（2）"红黑配"是经典的颜色搭配方案，但如果是大标题那样使用了红色为底色，文字再用黑色就很难看清了。

Step4：快速搜图

关于搜图的技巧，在第1章里面我们已经有过详细的讲解，这里不再过多重复。需要提醒大家注意的一点是，图片占据的空间位置较大，插入配图后，一定要从页面整体视角重新调整版面结构、文字大小，切不可"哪里有空位就放哪里"！

实例04 根据页面主旨搜图配图并整理版面

原稿

问题&分析&对策

问题：路演混乱，人手少。
　　信息缺乏共享，大家的困难不能交流。
　　扫楼进行的很晚，不彻底，敷衍了事。
分析：路演当天大部分人在做招新，人员安排不过来。
　　很多人都是单兵作战，缺乏沟通交流，缺少合作。
　　国庆期间，2个人，1000多份单页发放，精力有限，效果不好。
对策：与骨干协商，协调好人手，寻求周围校区路演支持。
　　能见面的不要电话、能电话的不要短信，做好交流沟通。
　　时间、人手的安排好，在有限的精力、人力情况下做好扫楼。

操作方法：

本页的主旨是"针对问题进行分析，进而找出对策"，因此使用"问题"作为关键词进行搜图即可。

插入图片，调整大小和位置，适当缩小文字的字号，并增加一点行距以保证易读性。调整整体版面结构，注意对齐。

选中文字段落，单击"段落"功能区右下角的对话框启动器按钮

推荐使用1.3倍行距

终稿

问题&分析&对策

问题：路演混乱，人手少。
　信息缺乏共享，大家的困难不能交流。
　扫楼进行的很晚，不彻底，敷衍了事。
分析：路演当天大部分人在做招新，人员安排不过来。
　很多人都是单兵作战，缺乏沟通交流，缺少合作。
　国庆期间，2个人，1000多份单页发放，精力有限，效果不好。
对策：与骨干协商，协调好人手，寻求周围校区路演支持。
　能见面的不要电话、能电话的不要短信，做好交流沟通。
　时间、人手的安排好，在有限的精力、人力情况下做好扫楼。

要点提示：

（1）当文本框中包含不同字号（如18号和22号）的文字时，字号框会显示"18+"。此时可以单击加减字号按钮整体加减，二者相对大小关系不变。

（2）除了单击按钮加减，字号大小亦可手动输入，支持保留小数点后一位。

让我们换一个例子再完整看一遍

只需四步，就能打造一个干净帅气的 PPT 哦！

原稿

2、文化遗产：国家和民族历史文化成就的重要标志

(1)地位：是一个国家和民族文化成就的重要标志，人类共同文化财富。
(2)作用：对于研究人类文明的演进，展现世界文化的多样性具有独特的作用。

2、文化遗产：国家和民族历史文化成就的重要标志

(1)地位：是一个国家和民族文化成就的重要标志，人类共同文化财富。
(2)作用：对于研究人类文明的演进，展现世界文化的多样性具有独特的作用。

Step1：统一字体

2、**文化遗产：国家和民族历史文化成就的重要标志**

(1)地位：
是一个国家和民族文化成就的重要标志，人类共同文化财富。

(2)作用：
对于研究人类文明的演进，展现世界文化的多样性具有独特的作用。

Step2：突出标题

2、文化遗产：国家和民族历史文化成就的重要标志

(1)地位：
是一个国家和民族文化成就的重要标志，人类共同文化财富。

(2)作用：
对于研究人类文明的演进，展现世界文化的多样性具有独特的作用。

Step3：巧取颜色

2、文化遗产：国家和民族历史文化成就的重要标志

(1)地位：
是一个国家和民族文化成就的重要标志，人类共同文化财富。

(2)作用：
对于研究人类文明的演进，展现世界文化的多样性具有独特的作用。

Step4：快速搜图

虽说对于PPT有一定水平的人来说，这样的效果还有些单调乏味，但考虑到初学者们零基础的起点，以及做出这样的效果需要的极少量时间和精力，我们认为，"四步法"是每一位初学者都应掌握的**PPT制作基本功**，值得推荐给所有新手们学习！

当你能够熟练完成"四步法"之后，如果还想打造出更加出色的PPT效果，那下面这些知识，一定可以助你一臂之力。

2.3　什么是 PPT 主题

PPT主题这一功能，或许很多初学者都了解得不多，但认真说起来，"主题"这个概念，我们每个人都接触得不少。为什么这样说呢？因为不管是手机还是电脑系统，都是有主题功能的，只是说如果你不爱折腾的话，可能一直都只用了默认的主题而已。

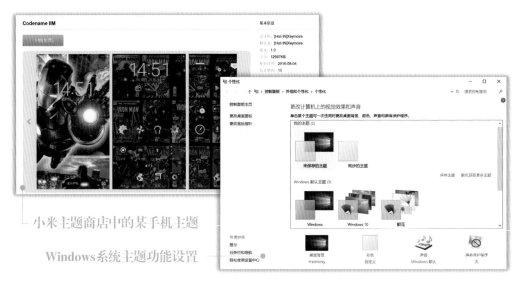

小米主题商店中的某手机主题

Windows系统主题功能设置

这样一对比，相信大家不难发现，所谓主题，就是一种视觉化风格的体现，它往往需要多种元素相辅相成才能最终实现其效果——如上面的"钢铁侠"手机主题，如果仅仅只有壁纸是钢铁侠，而各种应用的图标还是默认的样式，整体效果必然大打折扣。

对于PPT来讲，一套完整的主题包括**颜色**、**字体**、**效果**及**背景样式**四种要素。也就是说，只要我们用好了PPT主题，就等于说为一套PPT规定好了明确而统一的配色方案、字体搭配、效果展现等，整套PPT的风格也就随之得到了统一。

PPT主题所包含的四种要素（位于"设计"选项卡右侧）

主题的四要素

下面我们分别来看一看主题的四要素对形成前面所说的"视觉化风格"都有些什么样的作用。

主题颜色:

选择不同的主题颜色可以改变调色板中的配色方案。对于已经完成了的PPT,更改主题颜色会更改这套PPT里所有使用了主题颜色的对象(包括文字、形状等)的颜色。

主题字体:

可以设置PPT里标题及正文的默认中英文字体样式。从左图我们也能看出,从Office 2010之后,默认的主题字体由"宋体"变为了"等线",所以在PowerPoint 2016里,使用文本框工具输入文字时,默认为"等线"字体。

主题效果:

选择不同的主题效果可以改变PPT里形状、SmartArt、图表等元素样式的风格。也可以影响这些元素的默认风格。

背景样式:

可以让我们快速将PPT里所有幻灯片页面的背景色设置为统一的样式。左图中的几种样式看起来区别不大,但实际上是有差异的,大家自己试一下就知道了。另外,这里的样式会受到主题颜色的影响,所以需要先指定主题颜色,再指定背景样式。

如何利用主题四要素打造出特定的风格

正如我们前面讲到的手机主题案例一样,在PPT里改变主题的四要素,使之相互搭配,就能综合展现出某些特定的风格。

实例 05 利用主题四要素打造"灰色现代"风格 PPT

1. 将主题颜色更改为"灰度"

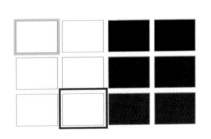

2. 将背景样式更改为"样式10"

3. 将主题字体更改为"微软雅黑"

请大家对比一下修改前后的页面——在本例的整个修改过程中，我们没有选中任何具体的形状或文本框元素，仅仅是调整了主题四要素中的三大要素，就让PPT的风格发生了极大的改变。更值得一提的是，这一改变并非只是针对当前页面有效，而是**针对整个PPT的所有页面**，所以，当我们需要定制一整套PPT的风格时，其效率是极为惊人的！

> 不过使用这个方法来修改已经成型的 PPT，还是有一些局限的……

如果目标PPT不是通过主题对字体、颜色等元素进行的统一设置，而是选中单一元素分别进行手动设置的话，更改主题是无法使其随之改变的：

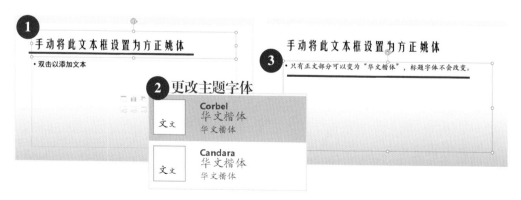

考虑到大部分人制作PPT时都没有使用主题的习惯，所以本方法更适用于新做PPT时使用，**先设置主题，再开始制作**，这与Word里的"设置样式"有异曲同工之妙。

如何快速设置 PPT 的主题？

　　前面我们说到，PPT的主题功能，更适合于新做一个PPT时使用，那这样是不是意味着我们在开始制作之前需要花费很多时间去设置主题呢？

　　事实上，PowerPoint 2016 的"设计"选项卡里已经内置了整整40套主题供我们选用，如果不是特别正式的使用场合，对效果没有特殊要求，只需在短时间完成一个PPT来应急的话，秋叶老师建议大家：不妨先试试使用这些内置的主题效果吧！

如何使用内置主题效果：

　　（1）直接左键点选某主题样式，可将该主题应用于整个PPT的所有页面；

　　（2）右键点选某主题样式，选择"应用于所有幻灯片"，与（1）功能相同；

　　（3）右键点选某主题样式，选择"应用于选定幻灯片"，可更改当前选定页面的主题样式。选定页面时可选择单页，也可选择多页；

　　（4）如果当前PPT使用了多个不同的主题，则右键菜单中会多出"应用于相应幻灯片"选项，选择此选项，可将选定的主题应用给与当前选定页面使用了相同主题的所有幻灯片上。

想要做得更好？

　　和前面我们学过的"四步法"相类似，使用PowerPoint自带的主题，的确方便快捷，但如果对PPT质量有一定要求，如需要用于汇报、提案、答辩等场合，这些主题还是显得有些粗糙，有时还可能会给人以敷衍了事的感觉。如果想要获得更好的效果，那秋叶老师还是建议大家花一些时间自行搭配设置主题，或者**新建自定义**主题使用。

如何新建自定义 PPT 主题？

　　在前面的实例中，我们已经学过了通过指定PowerPoint自带的主题颜色、字体、背景样式来设置PPT主题的方法。如果这些备选的主题方案都不能让你满意，你也可以自行创建新的主题方案，即通过自行设置主题颜色、字体、背景样式来新建自定义PPT主题。

实例 06　新建自定义主题颜色

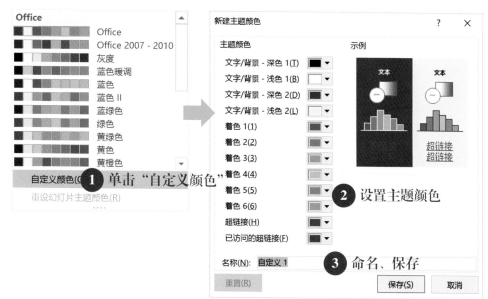

　　上面右图中有这么多颜色类型，更改之后能带来什么变化呢？看看下面的图示关系，你就都明白了！

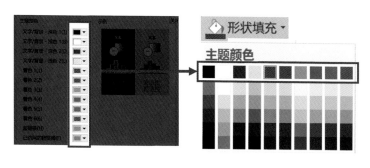

主题颜色确定了我们在设置形状、文字颜色时的可选色基调

下方颜色均是主题色的深浅变化而已

实例 07　新建自定义主题字体

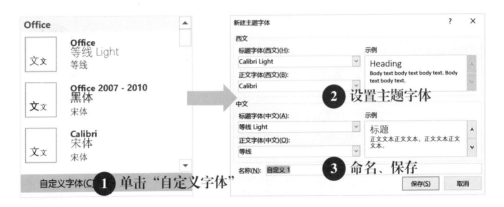

① 单击"自定义字体"　② 设置主题字体　③ 命名、保存

新建自定义主题字体的方法和新建自定义主题颜色的方法基本相同，只是在设置主题字体的时候，需要分别设置西文状态和中文状态两种情况，而每种状态又由标题字体和正文字体两部分组成。所以严格说来，需要设置好4种字体，才算是搭配好了一套自定义主题字体。

搭配好主题字体之后，在页面的标题及正文框体中输入文字，文字的字体会变为设置好的标题或正文字体；新建文本框输入文字，字体会变为设置好的正文字体。因此，如果你经常制作同一风格的PPT，新建一套自定义主题字体方案将大大提高你的工作效率。

保存后的自定义字体搭配方案位于主题字体列表的最顶端，即使新建一个PPT，也可以看到它

如何保存常用的 PPT 主题？

通过前面内容的学习，相信大家已经明白，只有把PPT主题的四大要素（特别是主题颜色和主题字体）都设置搭配好，才算是设置好了一套合格的PPT主题。

不论是你想把这套主题作为自己的"招牌特色"，在将来的PPT作品中反复使用，又或是这套主题是你依据单位的统一要求而制定，你都可以把它加以保存，下次再做PPT时就可以**一键完成设置**了。

当前搭配好的PPT主题

单击即可保存当前PPT主题

保存好的自定义主题
（新建PPT也能看得到）

前面我们曾经说过，因为可以针对某一页或某一部分幻灯片页面设置与其他页不同的主题，所以有时会有同一套PPT里存在多个主题的情况。如果对这样的PPT执行保存主题的操作，则只会保存多个主题中的第一套。

PPT主题文件保存在C盘的 Users**\\AppData\\Roaming\\Microsoft\\Templates\\Document Themes 目录下（**为用户名），我们可以进入该目录对保存的自定义主题进行批量管理。当然，也可以直接在上图的主题下拉菜单中右键单击自定义主题，将其删除或**设置为默认主题**——这意味着此后所有新建的空白PPT文档都会自动套用这一主题。

使用更多的主题方案

觉得现有的主题方案不够好，自己重新搭配又嫌麻烦，能不能像在网页上下载PPT模板那样去下载更多的PPT主题呢？

实例 08　方法一：访问微软 Office 官方网站获取主题

在Office官网首页单击"模板"，在左侧选择PowerPoint，即可看到大量的PPT主题模板。左侧的分类可以让我们更快地找到合适的主题。

单击合适的主题，进行下载，得到.potx 格式的主题文档。直接双击打开，即可开启此主题。再按照前面保存PPT主题的方法对其进行保存，增添至"自定义主题"栏，下次就可以非常方便地使用该主题了。

打开主题文档时，可以看到此主题位于"此演示文稿"位置

保存后增添至"自定义"

实例 09 方法二：新建 PowerPoint 文档下载主题

除了进入官网下载主题，直接在PowerPoint中单击"**文件-新建**"，也可以在右侧界面看到大量的PPT主题模板。通过顶部的搜索栏，还可以进行更多搜索。

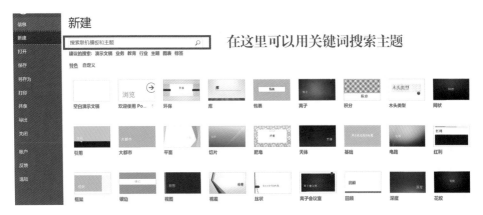

如搜索"木纹"，就能搜到在上一个例子里我们下载的那份PPT主题。单击缩略图可以打开预览窗口，再单击"创建"，就可以直接打开该主题了。

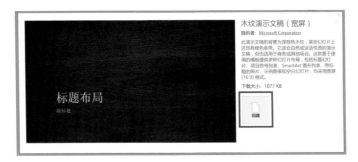

看到这里，秋叶老师知道一定会有同学提问了："PPT主题和PPT模板一样吗？为什么打开之后感觉二者是差不多的呢？"

PPT主题和PPT模板的区别：

PPT主题是一种更加规范的PPT模板，使用它制作的PPT，可以非常方便地进行整体风格的改变，备选的颜色、字体也都相互更加协调。而我们通常接触到的网上下载的模板，往往不具备这样的优点，因此才出现了那么多把好模板被糟蹋得一塌糊涂的情况。

什么是图片背景填充

在"木纹"这样的PPT主题里，PPT页面的背景并不是单调的白底，而是一张木纹样式的图片。其实除了通过设置PPT主题将页面背景改为图片以外，我们也可以自行手动设置图片为页面背景。

实例 10 将电脑上的图片填充为 PPT 背景

在"设计"选项卡工具栏单击或直接在页面右键单击鼠标，在菜单中选择"**设置背景格式**"，均可以打开设置背景格式对话框。在这里，我们就可以将图片设置为PPT的页面背景了。

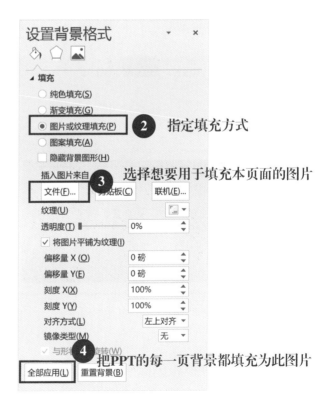

为PPT页面填充背景图片时，最终的填充效果与图片本身的大小比例及具体填充方式有较大关系，下面我们分别来看一下两类不同的案例。

实例 11　对背景使用拉伸模式进行填充

将图片拉伸后填充是使用图片填充背景时的默认填充方式，它能使不同比例的图片均可填充至PPT。例如，我们想要把一张竖方向的图填充给PPT时，默认效果是这样的。

图片会在保证比例不变的情况下，优先满足图片的短边铺满PPT页面，再对长边进行等比例的缩放，最后显示图片中央部分的内容，对超出页面部分不予显示。

在这种填充方式下，我们可以在参数对话框中进行左、右、上、下四个方向的偏移量调节，不过这里的偏移量所指的更像是拉伸比例，而非偏离和移动。如上例中，向下偏移量为-83%，如果我们把向下偏移量改为0，则可以看到背景图片的下方未显示完全部分会通过压缩的方式全部"挤进"PPT页面来。虽然说是达到了调节显示区域的目的，但图片内容压缩变形，效果并不算理想。

实例 12　保证原图比例不变形的平铺模式

将图片平铺为纹理则是一种相对更加优秀的背景填充模式，只需在背景填充后勾选平铺填充的选项就可以了。它的优点是可以保证图片的比例不变形。如果遇到上例中那样与页面比例不符的图片，PowerPoint先用原图大小填充一次，然后再通过重复显示的方式最终铺满整个页面。

☑ 将图片平铺为纹理(I)

在本例中，原图在垂直方向上是足够铺满页面的，而水平方向就差了一些，所以再显示了一次以填满剩余空间。那如果想要补进的图片在水平方向上也能得到完整显示怎么办呢？调节刻度百分比即可。

本例中将刻度X值调节为75％，刚好能水平显示两次

不过，仅仅调节刻度X值的话，图片只是在水平方向上进行了压缩，而垂直方向上是没有变化的，最终也会导致比例失调。将刻度Y也设置为75％，就可以解决此问题了。

保证刻度百分比一致可防止图片比例失调

实例 13　平铺背景填充模式的更多玩法

在平铺模式下，我们可以通过缩小刻度值的比例，使单张图片的尺寸变小，形成矩阵阵列重复的效果。

好晕……

因为平铺填充在Photoshop中也有，所以网上能找到大量适合用于平铺的纹理素材。别看上面这个例子平铺出来的效果让人看着头晕，用专门的素材图片，效果可是完全不同的。

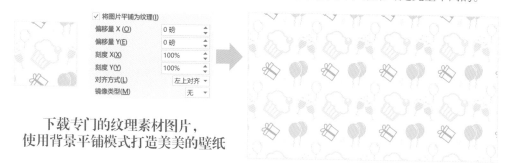

**下载专门的纹理素材图片，
使用背景平铺模式打造美美的壁纸**

另外，对于前例中的那张风景图，我们还可以在平铺的基础上，通过设置**镜像类型**的方式，佐以偏移量和刻度值的调节，让它变成别有一番风味的作品。

实例 14　更加自由的图片填充方式

虽然平铺模式有很多有趣的玩法，但在工作学习用PPT中，我们更多的是希望能够将一张图片1：1地填充给背景。拉伸模式下虽然可以做到比例不变，但图片的显示区域又无法自由选择，总是不太方便。对于这个问题，秋叶老师的解决方法是**先定位，再填充**。

首先，插入需要填充的图片，如果是网络图片可以直接从网页复制，进入PPT粘贴即可。

按快捷键Ctrl+V粘贴，等待图片下载

其次，拖动图片的四角，等比放大图片，使其能够完全覆盖PPT页面。

我们也可根据需要对图片进行不同程度的放大和移动，选择不同的覆盖方案，如下面以彩虹为背景的方案。总的来说，就是把想要填充为背景的部分画面留在页面内即可。不过，放大过程中请注意保证图片的清晰度，原图不够高清的话，过分放大之后画面会很模糊的。

保留彩虹方案：

黄色区域为PPT页面大小范围，超出此范围的图片均不会显示。

选中图片，使用"图片工具-格式"工具栏中的"裁剪"命令，拖动裁剪框，将其移动至页面边缘，将超出页面的部分画面裁去。

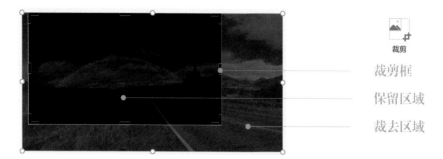

裁剪

裁剪框

保留区域

裁去区域

完成这一步操作之后，从视觉效果上看，我们已经达到了想要的效果。不过此时图片尚未填充为页面背景，仅仅是与页面大小相同而已。

因此，我们还需要选中图片，按快捷键 Ctrl+X 将其剪切，打开设置背景格式对话框，将背景填充模式选择"图片或纹理填充"，单击"剪贴板"完成填充。

① 选中图片并按快捷键Ctrl+X

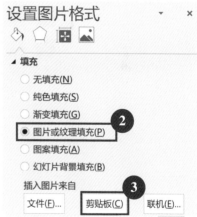

使用这样的方式，我们就可以灵活地将图片的任意区域自由地填充为PPT页面背景了。

再次提醒，一定要确保图片的清晰度哦！

主题效果与快速样式库

讲完了主题颜色、主题字体、背景样式，我们再来看看主题四大要素中最不显眼的**主题效果**。

要知道主题效果都在哪些地方体现其作用，我们必须要先了解什么是**快速样式库**。为了方便新手能够更加便捷快速地制作出各种各样的形状、SmartArt及图表效果，如同主题一样，PowerPoint已经内置了不少效果的"样式模板"，只需选中相应的元素，然后在快速样式库中选择一种样式，就能把这些样式一键套用到所选中的元素上。

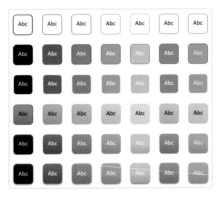

形状样式库

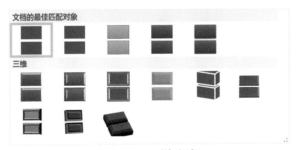

SmartArt 样式库

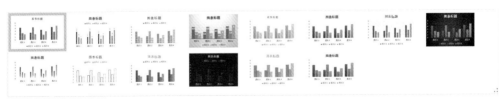

图表样式库

主题效果与样式库的关系

　　主题效果的改变，就可以影响这些快速样式库的风格。选择不同的主题效果，可以让我们在设置快速样式时有不同的选择。

　　当然，如果你在PPT里根本就没有用到样式库、SmartArt、图表这些元素，就很难察觉主题效果有什么作用了。这也是为什么我们说主题效果是主题四大元素中最不显眼的一个。

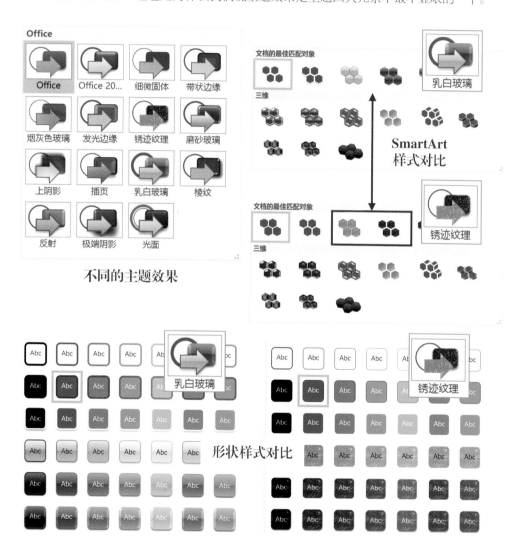

不同的主题效果

SmartArt样式对比

形状样式对比

　　事实上，除了影响样式、SmartArt、图表等元素，个别主题效果下默认的形状效果也会多多少少受到其影响，但改变并不明显，大家有兴趣可以绘制形状后自行切换对比。

2.4 调整 PPT 的页面版式

设置不同的页面比例

在PowerPoint 2013 出现以前，PPT默认的页面比例都是4：3，这也是大多数投影仪的幕布比例。将PPT也制作为4：3的比例，投影出来就刚好能占满整个幕布。

随着时代的发展进步，越来越多的演示场合开始使用LED屏幕，广大中小学也开始使用液晶屏电教板，所以自2013版开始，PPT的默认页面比例就变成了16：9的宽屏模式了。

当然，默认的PPT页面比例也是可以更改的，单击"**设计-幻灯片大小**"即可非常方便地在4：3和16：9两种比例之间切换，单击"自定义幻灯片大小"还有更多可以选择的尺寸类型。

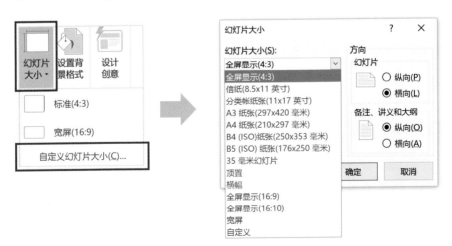

不过也要提醒大家，调整页面比例时，页面上图片、形状等元素的大小和间距都会发生相应改变，往往需要重新修改和排版。因此，最好在制作前就考虑好幻灯片的页面比例。

将 PPT 设置为纵向版式

有时候，PowerPoint并不仅被用来制作演示文档，由于其排版自由的优点，我们很多时候还会用它来制作**个性化简历**。在这样的情况下，我们就需要预先对页面版式进行一些设置。

实例 15　设置用于制作简历或书籍的 PPT 版式

幻灯片大小

幻灯片大小(S)：
A4 纸张(210x297 毫米)

宽度(W)：
19.05 厘米

高度(H)：
27.517 厘米

幻灯片编号起始值(N)：
1

方向
幻灯片
● 纵向(P)
○ 横向(L)

备注、讲义和大纲
● 纵向(O)
○ 横向(A)

确定　取消

选择"A4纸张"

选择"纵向"

除了制作简历以外，纵向的版面还适合用于编写书籍。如本书就是用PPT写成的哦！

A4大小的纵向PPT版式

用PPT写成的《和秋叶一起学PPT》

特殊版式及自定义页面版式

在预设的页面版式中，除了常见的纸张打印版式，还有用于制作横幅使用的长条形"**横幅**"版式，在幻灯片大小的下拉菜单中可以直接选择（记得勾选"横向"）。

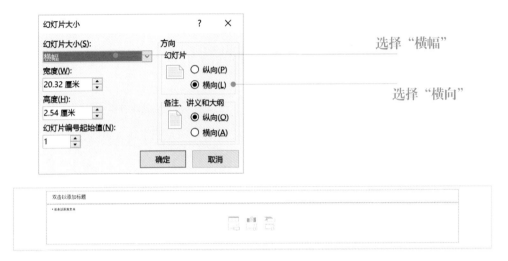

选择"横幅"

选择"横向"

横向长条形的"横幅"版式效果

如果你足够细心，就一定会发现，随着我们选择的预设页面版式变化，幻灯片的宽度和高度值也在发生改变。或者说，正是因为宽度和高度的改变，才导致了页面版式变化。因此，我们也完全可以根据需要，自行输入宽度和高度值，打造自定义大小和比例的页面版式。

例如，将PPT页面设置为宽高比为1∶1的正方形，就可以用来设计自己的微信/微博头像了。

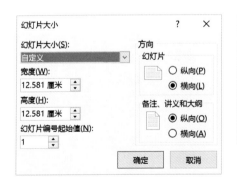

@Jesse 老师的头像就是用PPT设计的

学会如何自定义页面版式及大小之后，我们还可以用PPT来制作明信片、信封、海报、台历……不管需要什么尺寸和比例，相信都难不倒你啦！

2.5　快速调整 PPT 字体

如何安装新字体？

虽然在"四步法"中，我们出于简单易行及安全可靠的特性，推荐大家在PPT里统一使用"微软雅黑"字体，也教会了大家**一键替换字体**的方法。但有了一定基础之后，你一定不会满足于只能做这样的基础款PPT，上一章介绍的那些优秀的字体，你一定会想要用它们让自己的PPT增光添彩。那么如何安装一款新字体呢？

首先你要明白的一点是，各种各样的字体，虽然是在PowerPoint软件里使用，但其实这些字体是安装到Windows系统里面的，PowerPoint只是**调用**了这些字体资源而已。因此，你实际需要学习的是如何为Windows系统安装新字体。

在Windows系统里，所有的字体文件都被安装到C盘Windows目录下的Fonts文件夹里，所以，我们只需把下载的字体文件复制到这个文件夹，就可以完成安装了。当然，也有更简单的方式，那就是直接右键单击字体文件，选择"安装"即可。

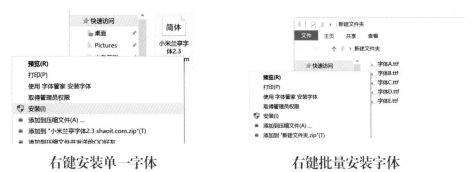

右键安装单一字体　　　　　　　　　　**右键批量安装字体**

如果一次性下载了很多字体，也可以同时选中多个字体，然后还是单击右键，选择"安装"，实现批量安装。

字体库的管理

　　如果你需要制作大量风格各异的PPT，对于字体种类的需求也不可能始终停留在几款固定的字体上。随着安装的字体越来越多，如何有效管理字体特别是如何备份和恢复已安装字体以应对系统重装、新购电脑等情形，就是你不得不考虑的事情了。

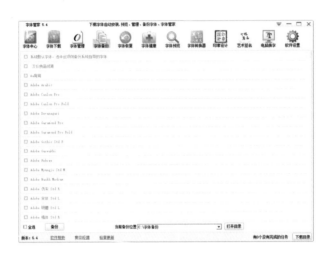

　　有一款名叫 **"字体管家"** 的软件，就可以满足你这样的需求。不管是字体备份恢复还是字体管理和预览，甚至一些常用字体的下载安装，都可以使用这款软件来完成，十分方便。

　　不过，如果你想用它来安装字体，运行程序时记得要右键单击图标，选择 **"以管理员身份运行"** ——前面我们说过，安装字体是在对Windows系统进行更改，没有管理员身份的授权，软件是没办法往C盘Fonts文件夹里增加字体文件的。

右键以管理员身份运行

直接双击运行，安装字体时会报错

　　再次提醒大家，字体使用有版权限制，**如需商用，请一定记得先购买使用权！**

保存 PPT 时携带字体

现在，你应该明白了字体的归属权是Windows系统而不是PPT文件了吧？既然如此，如果我们在PPT里使用了特殊字体之后，仅仅只是把PPT文档复制或发送至其他电脑，而对方电脑里又没有这款字体的话，使用了这些字体的文字是无法正常显示的，它们只能以其他默认字体的样式显示出来。

字体正常时的显示状态

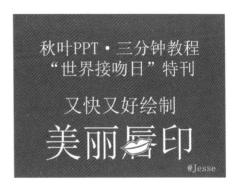

缺字体时的显示状态

辛辛苦苦设计的PPT，发到了领导那里就丑得一塌糊涂，如果你不愿意看到这样的事情发生在自己身上，那就得知道如何才能在保存PPT时携带字体一并保存了。

实例 16　如何将字体嵌入 PPT 一并保存？

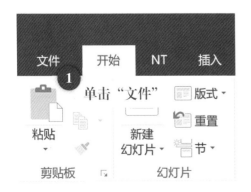

单击"文件"

单击左侧最末"选项"

在嵌入字体选项的下方，还有两种不同的模式，一种是"仅嵌入演示文稿中使用的字符"，一种是"嵌入所有字符"。

如果选择前者，则只有当前用到的字形会被嵌入，可以满足在一台没有该字体的电脑上播放PPT时正常显示，一旦需要修改，就会出现问题。如下例中，由于该字体保存时仅嵌入了"你"和"好"两个字形，未嵌入"我"字，改成"我好"就露出马脚了。

嵌入保存时　　　　换电脑修改时

选择后者，虽然可以避免这样的麻烦，但如果你在PPT里使用了多种字体，哪怕某种字体只用到了一个字，也需要将该字体的完整字库（一般都会超过3000个字形）全部嵌入。后果就是你的PPT文档的体积会迅速变大，不利于网络传输。

选定保存方式之后，单击确定，然后保存一遍文档即可完成嵌入。

两种嵌入方式各有优劣，具体使用哪种方式来嵌入字体，大家根据实际情况来定就好。
确定之后，记得保存一遍文档哦！

2.6　快速搞定 PPT 配色

用好主题颜色功能

　　PPT作为一种注重视觉化的信息呈现方式，优秀的配色在提高PPT的观感、品位方面起到了重要的作用。配色恰到好处的PPT，无需看具体的内容，只是远远瞥上一眼，就能让人心生愉悦（如@Simon_阿文 的图表模板作品）。

　　然而，大多数普通PPT制作者都不是美术或设计专业出身，对于颜色的运用缺乏专业的训练和长期的耳濡目染，想要完全自主地确定一套PPT的颜色是比较困难的。这个时候就可以借助于PowerPoint自带的主题配色方案。

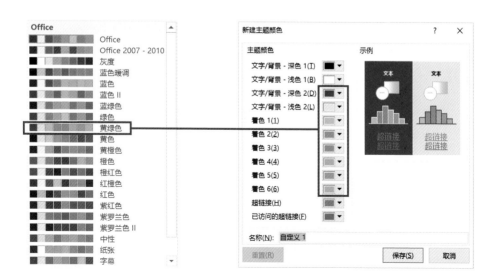

　　PowerPoint 2016 一共内置了23套主题色方案，每一套主题色方案由12种颜色搭配构成，在大多数情况下足以满足我们制作各种类别PPT时使用。

　　当我们使用主题色方案中的颜色制作PPT时，一旦切换到另一个方案，所有使用了这些颜色的元素都会自动变成新方案中对应的颜色。如果你有一个对PPT配色比较挑剔的老板，你绝对会爱上这个功能的。

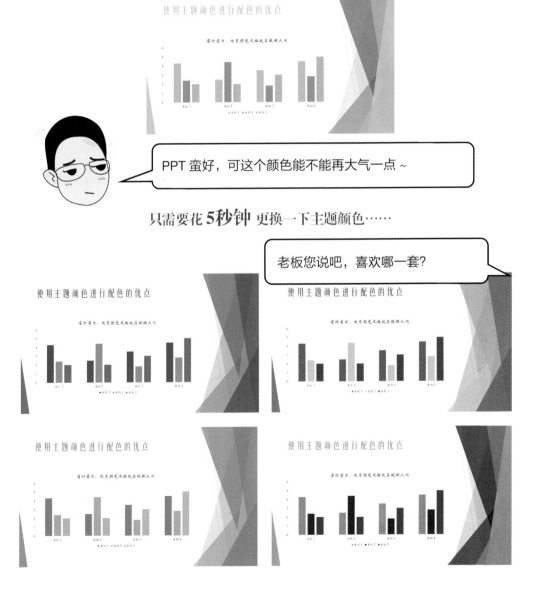

借助配色辅助工具配色

如果你对PowerPoint内置的几十套配色方案还不够满意，需要更多参考的话，就可以借助一些配色辅助工具进行配色。

因为平面设计相通的原因，网上有非常多的平面设计师、网页设计师常用的配色工具，我们做PPT时也同样可以加以利用。

Colorschemer就是这样一款非常强大的配色软件，软件只有3MB大小，却有着非常丰富的功能，从色轮、实时配色方案、颜色混合器到色相/饱和度/亮度的渐变都一应俱全。

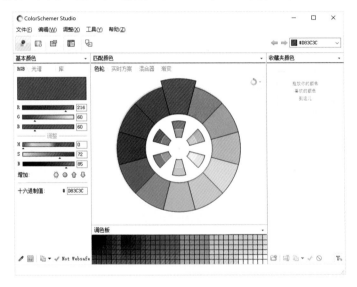

色轮

实时配色方案　　　　**颜色混合器**　　　**色相/饱和度/亮度 渐变**

除了可以利用实时配色方案进行辅助配色以外，如果你不愿意在配色上花太多心思，也可以通过"图库浏览器"直接搜索和下载丰富的配色方案。根据软件下方的提示，总共有444万多种配色方案供我们下载使用。

图库浏览器
（配色方案库）

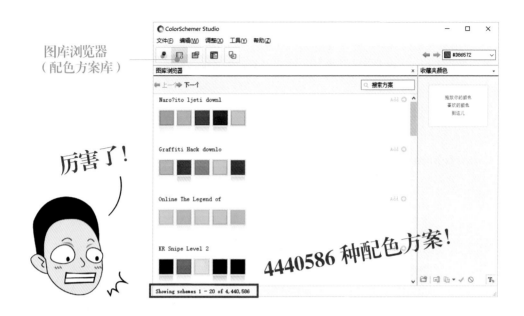

另外，通过它我们也能从图片或网页中提取出主要的配色方案加以借鉴——这对于为企业制作PPT是非常有帮助的。毕竟很多企业的官方网站从设计到配色可都是请专业设计师一手打造的，借鉴这些配色方案，做出来的PPT至少从配色方面肯定是不会差的。

如果你不愿意专门为配色去下载安装软件，又或是临时在外使用他人的电脑制作PPT，不方便安装，也可以试试Adobe 官方的在线配色工具**Adobe Color CC**。这款在线工具和Colorschemer类似，也有色轮、配色库、从图片提取配色方案等功能，关于它的功能介绍和使用方法，在网易云课堂本书的同名在线课程《和秋叶一起学PPT》中有详细说明，大家可以前往对应章节查看。

扫码直达 →

屏幕取色

看完了前面对强大配色工具的介绍，秋叶老师相信很多朋友都会有这样一个疑问：

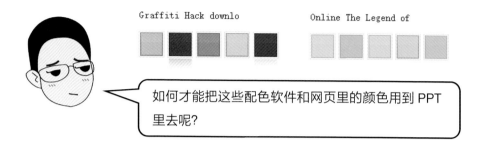

如何才能把这些配色软件和网页里的颜色用到 PPT 里去呢？

其实，只要你使用的是高版本的PowerPoint软件，这个问题非常好解决——自2013版开始，PowerPoint终于具备了类似Photoshop、Illustrator等专业设计软件中"吸管工具"的"**取色器**"功能。使用该功能，我们可以轻而易举地将屏幕上所能见到任何颜色直接填充至PPT里的形状、文字、背景等一切需要调整颜色的地方。

实例 17 利用"取色器"实现屏幕取色填充给形状

1 插入想要取色的图片或截图

选中想要填充颜色的形状 **2**

4 移动到想取色的位置单击

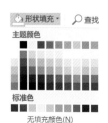

3 点开"形状填充"，选择"取色器"

5 取色填充完成！

通过 RGB 值设置颜色

有过口红选购经验的朋友都应该知道，口红是要分色号的。如果没有色号，除了本人当场挑选，我们几乎无法拜托他人代购——即便是拍照也是有色差的。下面这一排口红，恐怕谁都很难用语言描述出来它们的区别，就算是描述出来了，也无法保证他人能够理解。

大红?

? ? ?

深红?

粉红?

桃红?

西瓜红?

在PPT里，当我们需要精确设置某一种颜色时，也同样需要使用"色号"来指代这种颜色，最常见的"色号体系"就是**RGB三原色**色彩模型，其中R代表红色，G代表绿色，B代表蓝色，三种色光按不同的比值混合在一起，就可以产生出各种各样的颜色了。

在电脑系统中，R、G、B三种颜色的值均用0~255的整数来表示。如纯红色，R值为最大值255，G和B均为0，它的RGB值就是（255,0,0），使用这样的表达方式，可以表达出1600万种颜色，已经远远超过了人眼可以分辨的范围。

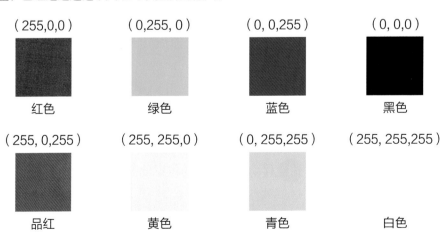

（255,0,0）　　　　（0,255,0）　　　　（0,0,255）　　　　（0,0,0）

红色　　　　　　　绿色　　　　　　　蓝色　　　　　　　黑色

（255,0,255）　　（255,255,0）　　（0,255,255）　　（255,255,255）

品红　　　　　　　黄色　　　　　　　青色　　　　　　　白色

　　只需要在设置填充色时，先选择"其他填充颜色"，然后在弹出的颜色对话框中单击"自定义"，就可以看到RGB值的设定窗口了。

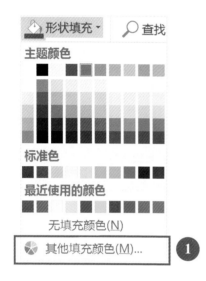

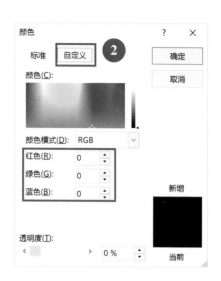

　　虽说2013版以后的PowerPoint有了"取色器"功能，但直接使用RGB值来确定颜色也有它的优势。

　　如在**"幻方秋叶PPT"**公众号上我们曾推送过非常多的PPT教程，有的教程效果对颜色有较高要求，只有按照要求设定颜色，最终才能做出一模一样的效果来。可是大家往往都是在手机上阅读公众号文章，即便教程里给出了案例颜色，也没法直接用取色器来取色。这个时候，只需要按照教程里给出的RGB值来设置颜色就可以了，即便不使用取色器，最后照样可以做出相同的颜色效果来。

《秋叶PPT三分钟教程·画鸡蛋》中的一步

为了实现左侧渐变效果，教程给出了5组RGB值

通过 HSL 值设置颜色

虽然RGB值有着精准精确的特点，但它毕竟是一种**机器语言**，人类很难直接通过数值来想象出这是一款什么样的颜色。当两个数值放到一起进行比较时，也很难看出二者有什么联系或区别。

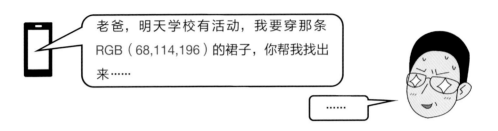

老爸，明天学校有活动，我要穿那条 RGB（68,114,196）的裙子，你帮我找出来……

……

与此同时，如果你是替别人做PPT设计，还往往需要照顾到一些人性化的需求，如"我希望这个颜色再偏红一点""要是能再活泼一点就更好了"。而在另外一些场合，我们可能还需要同时使用一组类似的颜色，如"粉红""桃红""大红""深红"等。

这时，我们就需要一种可以从"程度"上对颜色进行描述和控制的色彩模型了。刚好，**HSL颜色体系**就能满足我们的需求。

在HSL颜色体系中，H表示色相或色调（Hue），S表示饱和度（Saturation），L则表示亮度（Lightness），其数值同样是0~255的整数。

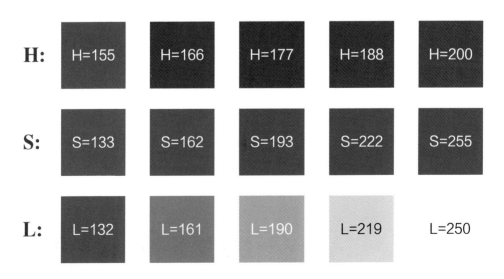

H:	H=155	H=166	H=177	H=188	H=200
S:	S=133	S=162	S=193	S=222	S=255
L:	L=132	L=161	L=190	L=219	L=250

要在PowerPoint中为形状或字体设置HSL颜色，与设置RGB类似，首先选择填充颜色中的"其他填充颜色"，然后单击"自定义"，打开"颜色模式"下拉菜单，切换为HSL，最后再依次输入色值即可。

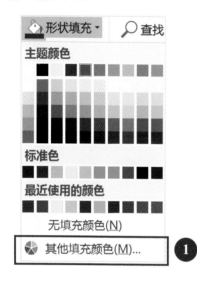
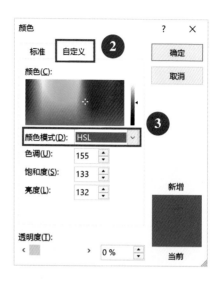

如果对颜色没有特别精确的要求，或者只是想先从感受上直观对比一下不同的颜色，也可以在HSL模式下拖动调色板上的**十字光标**和侧面立柱上的**三角形游标**对颜色进行粗略地调节。其中，十字光标的水平移动代表H值的变化，垂直移动代表S值的变化；而侧面立柱上游标的上下移动则代表L值的变化。

右下角的"新增-当前"窗，可以让你直观地对比调整前后的两种颜色的视觉差异。

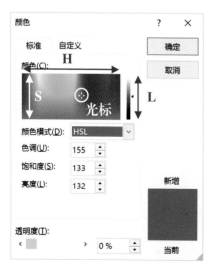
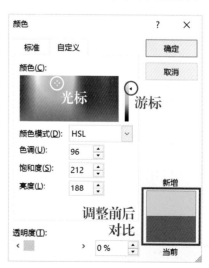

HSL 色系的实际应用

基于HSL色系在颜色"程度"描述方面的优势，我们可以借助它非常方便地将一系列近似的颜色搭配起来，形成非常和谐的视觉感受或营造出立体感效果。

实例 18 使用 HSL 色系制作立体感横幅

① 绘制矩形，按图中HSL值设定颜色

② 将矩形复制两份，横向缩小后移动到图示位置，置于底层

③ 降低两个小矩形的L值至100，得到上图效果

④ 绘制两个直角三角形，位置如上图所示。先将其填充为和小矩形一样的颜色（使用过的颜色会出现在"最近使用的颜色"里），再继续降低L值至60，最后输入横幅文字

2.7　学会使用 PPT 版式

什么是版式？什么是母版？

相信上面这个问题，有大把的初学者们在刚刚接触到相关概念时都不太清楚，再加上大家常说的"模板"发音与"母版"相同，就更是容易把各种概念混为一谈。即便是有一定PPT制作功底的人，如果对这部分功能研究不深，也往往在认识上存在很多问题。

其实要想理解"母版"和"版式"并不太难，我们只需要把它们的名字补齐就好了：

母版=母版式
版式=子版式
决定页面的排版方式

也就是说，从逻辑上讲，母版、版式、页面，这是一个等级依次递减的限制链条。普通页面的排版受到版式的影响，而版式的排版又受到母版的影响。为了更好地理解这个概念，大家不妨把这三者的关系理解为这个样子：

公司章程（母版）– 部门规定（版式）– 职位需求（页面）

在一家公司里，因为有着不同的职位，所以即便是一模一样大小的办公室，其内部的布置也是不同的。如部门经理的办公室，或许就只放了一张大大的办公桌和方便会谈的沙发椅，而普通员工的工作间，或许就有两套办公桌椅，需要容纳两名员工同时办公。

新建一页PPT页面，在开始选项卡单击"**版式**"按钮，就能看到这些不同的"办公室布置方案"：

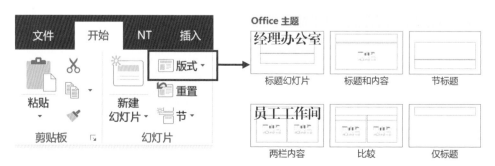

有一天，某员工A在自己的工位上放置了一个公司吉祥物（在页面上操作），这属于个人行为，不会影响到其他员工工位的布置：

员工A工位　　员工B工位　　　　　　　　部门办公室总览

但如果这是部门规定，要求本部门所有双工位办公室的左边工位上都必须放一个吉祥物（在版式上操作），那就所有办公室都要照办了：

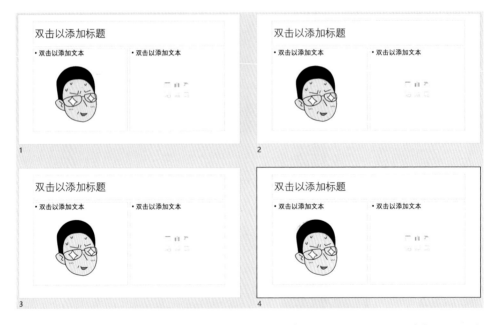

和这个例子相仿，在制作PPT的过程中，我们往往会对一系列的PPT页面有相同的要求，如所有隶属第一部分的页面，右上角都要有"第一部分 前言"这样的文字，这就属于"统一要求"。在制作时并不需要在第一部分的每一页都去输入这些文字，只需要把它写入"部门规定"——版式里就好了。一旦在版式里设置好，那么所有使用了该版式的页面，都会按章办事，在统一的位置出现统一的文本。

实例 19 　**为特定的相同版式页面添加公司 Logo**

新建6页幻灯片，根据PowerPoint的默认设置，不难发现，第一页的版式与后5页均不相同：

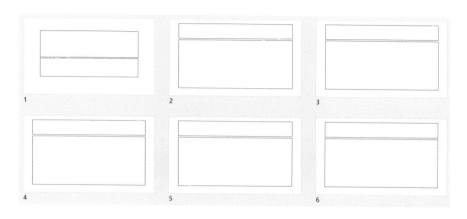

选中5、6两页幻灯片，单击开始选项卡中的"版式"或右键单击缩略图，在弹出的菜单中单击"版式"，将它们改为"两栏内容"：

更改完成之后，这6页幻灯片的版式如下图所示：

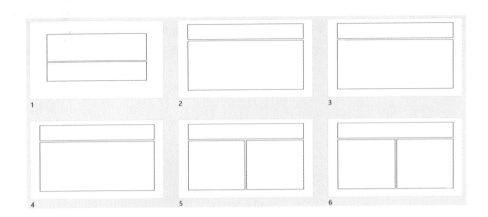

选中第2页幻灯片，然后单击"视图-幻灯片母版"，进入母版编辑模式：

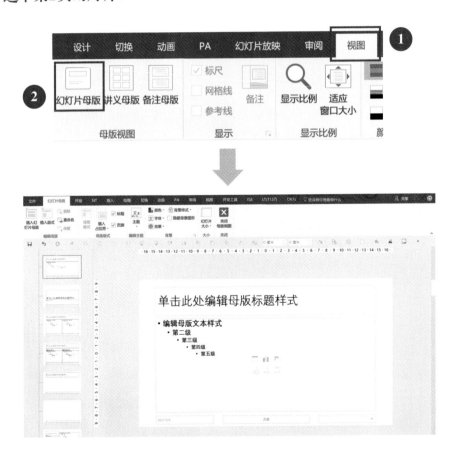

　　这里有个要点需要提醒大家：进入母版编辑模式时，我们选中的页面是什么版式，进入编辑模式之后就自动定位到该版式，所以此时我们看到的就是第2页所对应的版式。

　　鼠标指针移动到左侧缩略图上，会浮现出窗口信息，说明使用了当前版式的有哪些幻灯片。正在被使用的版式，是无法被删除的。

　　在该版式编辑区右上角插入Logo图片：

　　关闭母版视图回到普通视图，此时使用了此版式的2～4页幻灯片均出现了Logo图案，而使用其他版式的1、5、6页则未出现Logo，已经达到了我们想要的效果。

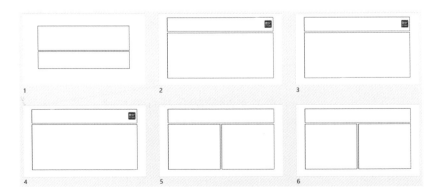

看完了这个案例，相信大家对版式与页面的对应关系已经有所了解了。母版与版式的关系，其实也是差不多的——部门管个人，公司管部门嘛。

在母版编辑模式下，我们可以通过左侧的缩略图看到各式各样的版式。在上一个案例中，我们只是为其中一种版式添加了公司Logo。但在实际生活中，如果要为PPT添加公司Logo的话，应该是不论哪种版式的页面都要有的。

既然为版式添加Logo可以使每一个页面都出现Logo，同理，为母版添加Logo就可以让每一种版式都出现Logo了。

实例20　为所有版式页面添加公司 Logo

进入母版编辑模式，在左侧预览图区域滚动鼠标滚轮，显示出顶部的母版页：

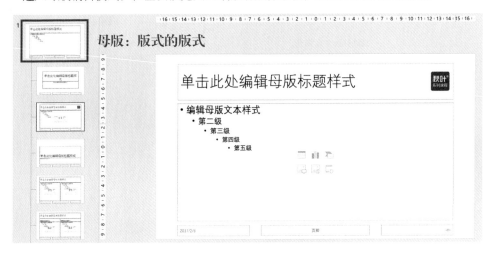

将Logo图标从刚才的版式页剪切、粘贴至母版页的相同位置：

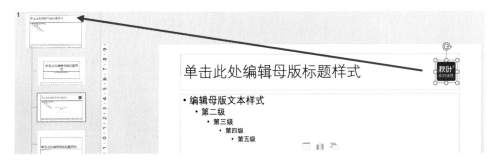

完成粘贴后，从缩略图已经可以看出来，每一种版式的右上角都出现Logo图标了：

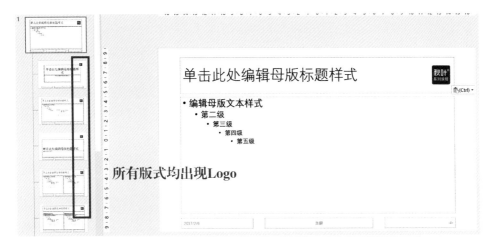

退出母版编辑模式查看，所有页面都被添加上了公司Logo：

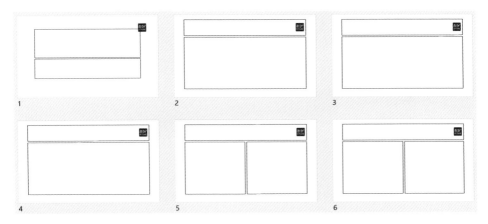

通过母版添加Logo的缺点

虽然通过母版添加Logo更加迅速，但由于它对各种版式一视同仁的特性，导致每一页PPT都被添加上了Logo。在实际案例中，PPT封面往往会设计得比较有整体感，如果PPT页数较多，还常常需要设计一些章节页、转场页、致谢页等，而这些页面的排版通常与正文页都不太相同，通过母版添加Logo无法照顾到这些页面的特殊需求，也不能在这些页面的版式和页面下单独选中Logo将其删除，故一般不会选择这么做。

不过，如果你是想保护自己作品的版权，为每一页幻灯片都打上水印的话，通过母版添加水印图案倒是一个省时省力的方法。现在你应该知道自己下载的模板里那些选不中的水印、网址，该到哪里去删了吧！

版式的复制与母版的新建

不管你有没有意识到，上一节的两个案例给我们留下了两个悬而未决的问题。

（1）如果需要在同样的版式添加不同的"Logo"怎么办？如都是"标题+内容"的版式，但右上角添加的不是Logo，而是第一章、第二章、第三章这样有所区别的标识。

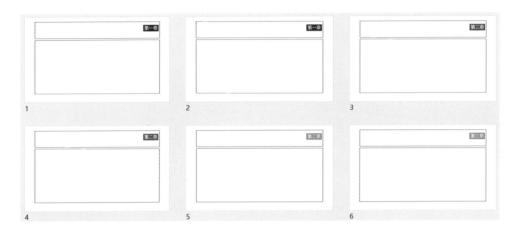

（2）如果确实需要为演示文档里的绝大多数页面添加Logo，但又有那么几页封面、封底、章节页需要例外处理，有没有办法利用母版的相关功能迅速完成？

其实这两个问题都可以通过对版式和母版进行复制来解决。

实例 21　不同章节同类版式的复制与指定

选中"标题+内容"页面，进入母版编辑模式，在该版式页面右上角添加第一章Logo：

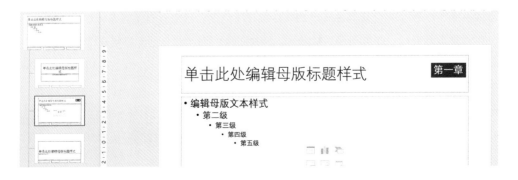

　　在左侧的缩略图中右键单击此版式，选择"**复制版式**"，该版式页就会被复制出一份来，重复这一操作，再复制一份，得到三页相同的版式。

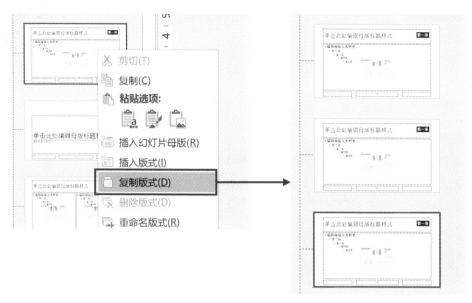

　　将后两页版式页上的第一章Logo分别改为第二章和第三章，关闭母版窗口回到普通视图。

　　选中第二章的所有页面，右键单击缩略图，将版式选择为"第二章"的样式，选中第三章的所有页面，右键单击缩略图，将版式选择为"第三章"的样式即可。

更改Logo样式

分批次选中同一章所有页面，分别
选择对应章节样式进行指定

实例 22　**添加全局 Logo 时兼顾特殊页面**

首先，重复案例20中的操作，在母版中添加Logo图片，让每一种版式都加上Logo：

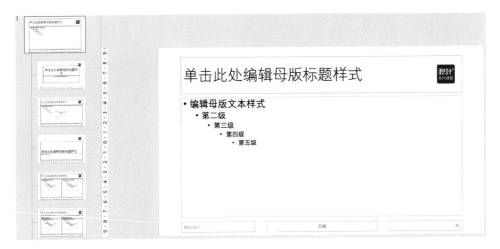

在左侧缩略图区域的页面空隙位置单击鼠标右键，选择"**插入幻灯片母版**"，缩略图的最下方会生成一组新的母版，而这一组母版中的版式就没有Logo图片了。

退出母版编辑模式，将不需要Logo图片的页面（如封面页）指定为第二组母版中对应的无Logo版式，就可以在全局添加Logo的同时实现对这些页面的兼顾了。

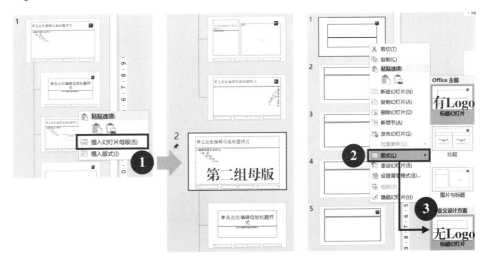

版式的跨幻灯片复制

有时我们会在别人的PPT里看到一页很不错的幻灯片，想要将它复制到自己的PPT里使用。可是直接复制粘贴，仅仅是复制了页面而已，并没有复制版式，很多情况下就会出现问题，不是背景图案不对，就是颜色无法保持一致。

按照下面的方法来进行复制，就可以将原幻灯片的页面连同版式一起复制过来：

右键单击目标幻灯片，选择"复制"

在自己幻灯片缩略图区域右键单击，选择"粘贴时保留源格式"

完成粘贴后，可以右键单击幻灯片，查看版式。你会发现，不光是当前页的效果得到了完整的保留，连那些还未使用到的版式也都全部复制过来了。

版式中的占位符

在新建的PPT页面中，我们可以看到"双击以添加标题""双击以添加文本"这样的"文本框"，但当我们鼠标点到框内时，这些文字又全都消失不见了。其实这些框体并不是文本框，而是"**占位符**"。

进入母版编辑模式，我们就能看到这些占位符框体的本来面貌并对其进行编辑。占位符有很多种，根据它们所容纳的对象不同，分为文本、图表、表格、图片、SmartArt、媒体、联机图像等类型。

与文本框不同，内容占位符的大小和位置一旦确定，就不会再发生变化，当我们在PPT页面往内容占位符中输入文字时，它会根据文字的多少自动换行及对字号进行调节，使其始终不超出占位符的尺寸，以维持页面排版的一致性。

由于占位符是母版版式的一部分，因此也具备母版版式的功能，它的格式可以决定页面中对应内容的格式。对母版编辑模式下标题、内容等占位符的框体设置好字体、样式，可以影响所有使用了该版式的页面中标题、内容的格式。

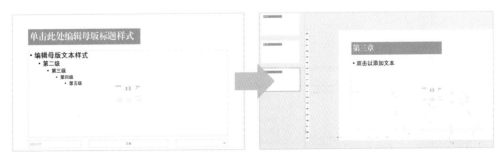

在母版中设置某版式标题格式　　　页面上所有该版式的标题均发生变化

快速设置版式字体

　　虽然在版式中直接更改标题、正文等占位符的字体，就可以使得所有使用该版式的页面中标题、正文字体发生改变，但这只是针对某一种版式。如果PPT中还有部分页面使用了其他版式，那这些版式的页面字体是不会随之改变的。

　　如果想要一次性把各种版式页面的字体都进行统一更改，我们可以借助改变**主题字体**来实现。母版窗口中标题和正文的默认字体，对应的正是主题字体中的标题字体和正文字体。无论具体是哪种版式，更改主题字体，都会使版式中的字体随之改变。

　　正因为存在这样的对应关系，母版编辑模式的工具栏也整合了幻灯片主题的相关功能按钮，我们可以很方便地在母版编辑模式下对主题字体进行更改。如果没有合适的主题字体，也可以自行新建一套组合方案，具体操作可参见本章"实例07"的内容。

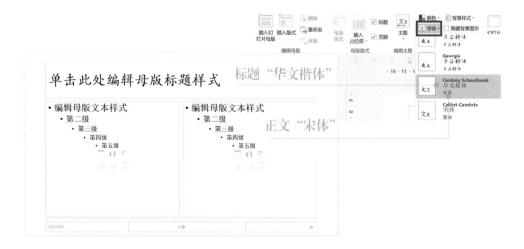

综合设置版式占位符及字体

在制作PPT的过程中，由于默认的版式比较固定死板，很多人习惯将占位符删除或将版式设置为"空白"后自行用文本框排版。遇到相类似的版面，即便没有使用占位符，也可以直接复制做好的页面修改文字即可，同样不用重新设置字体和排版。

这种做法在首次制作时的确没有太大问题，但如果后续涉及修改，例如，要把所有标题都统一成另外一种字体，那就只能费时费力一页一页地改了，如果PPT有几百页，工作量之大可想而知。而通过版式占位符设置的标题，遇到这样的情况，则可以一次性完成修改。所以，我们还是推荐大家采用规范的方式来完成版面设计。

实例 23　修改占位符及版式字体完成版面样式的设计

进入"标题和内容"版式的母版编辑模式，手动调整标题占位符的字号和位置，通过"主题字体"功能指定标题和内容的字体，删除内容占位符中三级到五级的段落样式。

在版式页上绘制形状进行装饰，修改文字的颜色与之形成搭配，完成版面样式设计。

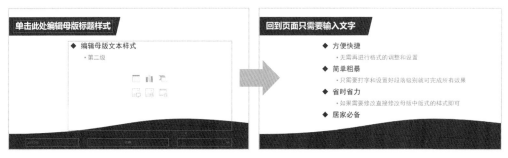

母版版式中的最终样式　　　　　　根据此版式制作出来的页面

设置页脚和页码

在PPT中，**页脚和页码**虽然比不上在Word中那么重要，但在制作一些观众自行翻阅浏览的幻灯片时，还是有必要设计到页面中的。利用母版中的页脚占位符，就可以轻松完成页脚的设计，并且制作出可以随幻灯片页数和位置变化而自动更新变化的页码。

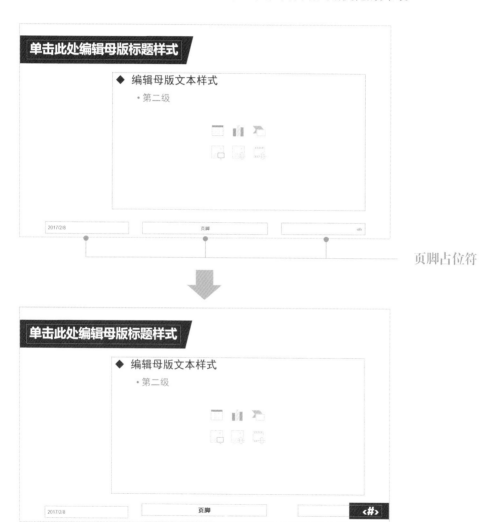

页脚占位符

在设计页脚和页码的时候，可以改变它们的字体、字号、颜色及位置，也可以像上例这样绘制一些形状来配合。但要注意：页码的<#>是不能删除后自己手动输入的。只有保持源生的<#>符号（可以改变颜色和字体格式等），页面中才可以生成自动更新的页码。

除此以外，日期一般不会需要每一页PPT都显示，在设置页脚显示效果时也可以单独设置不显示日期，所以这里就不用对其设置格式样式了。

在母版中设置完页脚和页码之后，关闭母版视图，单击插入选项卡中的**"页眉和页脚"**。

在弹出的对话框中勾选幻灯片编号、页脚，并输入页脚文字，勾选"标题幻灯片中不显示"，根据情况单击"应用"或"全部应用"即可。

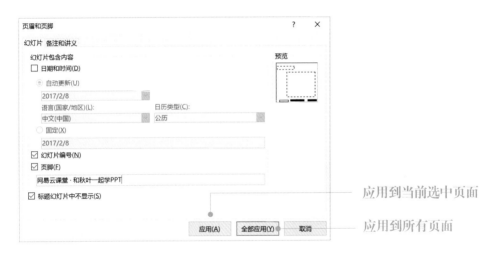

如果希望制作出类似书籍的翻页式双页对称PPT，可以先在母版编辑模式制作出两种包含页脚页码的对称版式，然后分单双页应用给不同的幻灯片，最后再插入页脚和页码。

文字段落的设置

　　PPT中的段落设置与Word中的段落设置有很多相似的地方，总体来说比Word更加简单方便。只需要选中文字段落，在开始选项卡单击**段落**功能区右下角的**对话框启动器**按钮，即可弹出段落设置对话框。对齐、行距、缩进，几乎所有的段落设置都可以在这个窗口里完成。

　　让我们依次来看看这些功能都有些什么样的作用。首先是顶部的**对齐方式**，点开下拉菜单可以看到所有的对齐方式，如下左图所示。事实上我们很少在这个对话框位置设置对齐方式，因为这些对齐方式我们可以在段落功能区找到对应的按钮，直接进行设置。

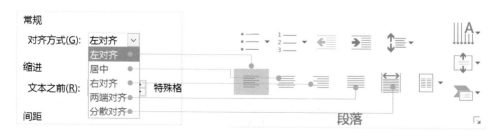

左对齐

居中对齐

右对齐

两端对齐会调整字间距，使得段落的两侧尽可能靠近文本框边缘

分散对齐与两端对齐功能相近，区别在于它会强制拉开占 不 满 一 行 的 文 字

接下来是**缩进**功能。它指的是段落文字左侧与文本框的边距的距离。默认值为无边距，填入数值之后能看到段落样式的显著变化：

缩进

文本之前(R):　0 厘米 ▲▼

缩进

文本之前(R):　1 厘米 ▲▼

缩进值默认为0的情况下的显示效果

缩进值调整为1厘米之后的显示效果

特殊格式包含两种格式，第一种是**首行缩进**，这个大家都熟悉，段落开头空两格，算是传统的中文写作规范了。在PPT里，首行缩进是可以自定义缩进量的。因为采用了厘米作为度量单位，而字体字号不同，单个字符所占的长度又不同，所以要想设置出这样"空两格"的效果，具体需要缩进多少厘米，还需要自行尝试和调节：

特殊格式(S):　(无) ∨　度量值(Y): ▲▼

特殊格式(S):　首行缩进 ∨　度量值(Y): 1.67 厘米 ▲▼

段落的首行缩进是大家都很熟悉的一种缩进方式。

　　段落的首行缩进是大家都很熟悉的一种缩进方式。

特殊格式的第二种类型是**悬挂缩进**。悬挂缩进一般用于段落有项目符号或编号的情况，所指的是首行第一个文字与项目符号及编号之间的间隔距离。为了保证后续行首文字的纵向对齐，文本的缩进值应该与它相等：

缩进

文本之前(R): 2 厘米 ▲▼　特殊格式(S):　悬挂缩进 ∨　度量值(Y): 2 厘米 ▲▼

● ——→ 悬挂缩进是指文字与
　　←---→ 项目编号之间的距离

在PPT里，悬挂缩进与文本之前的缩进值会自动设置为相等值，一般不用我们操心。为了便于理解，这里刻意将二者设置为不同数值，效果如下：

因为页面设置及显示比例的不同，在设置缩进时我们很难预判1厘米、2厘米这样的长度在页面上到底代表了多远的间隔，如果要照顾两行文字的上下对齐，"先填、后看、再改"这样的流程可能得重复好多遍。这个时候，使用**标尺**来调节缩进的直观优势就体现出来了。

进入"视图"工具栏，在"标尺"前的复选框中打勾，幻灯片顶部和左侧会出现与Word中类似的标尺。

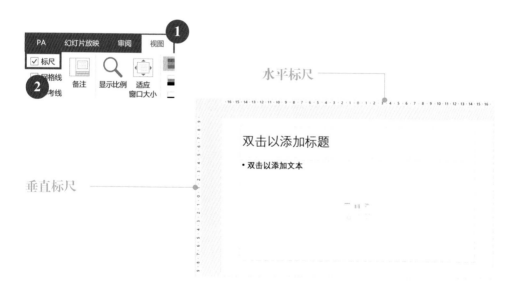

当我们将光标选定到文本框内时，标尺上会出现游标。拖动游标即可非常方便地控制"文本之前""首行缩进"和"悬挂缩进"三种缩进形式。

拖动游标即可改变光标所在段落的缩进形式。

下面是拖动首行缩进游标操作对段落的影响，另外两种形式的缩进操作与此类似，大家可以自己试试看。

特别提醒大家的是，拖动游标时会出现智能吸附效果，表现出"顿挫感"，有时这反而会导致游标无法精准地停在你想要的位置，此时按住Ctrl键即可临时停止智能吸附。

再来看**间距**。间距分为两类，一类是段落间距，分为段前和段后，指的是一段文字与上一段（段前）或下一段（段后）之间的距离——将文字拖选中后能看得更清晰。

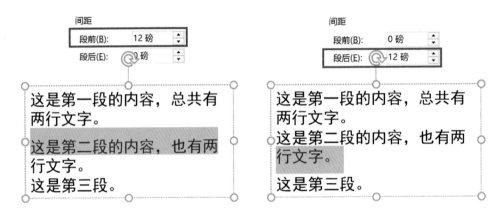

如果想让同一段内的文字每行都保持一定间距，那就要用到**行距**了。行距可以按固定值设置，也可以按倍数设置，其中单倍、1.5倍、双倍行距都可以直接在行距类型中选择。为段落设置一定的行距可以让阅读体验更轻松，秋叶老师推荐大家选择"多倍行距"模式，然后设置为1.3～1.5倍的一个值。

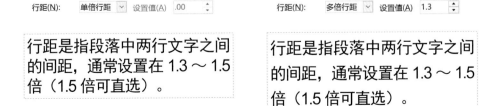

使用默认样式

在前面的内容中，我们学过的无论是主题、版式还是母版的相关知识，其实都在传递一个 **"一次设置，全局受用"** 的概念。

在PowerPoint中，这样一次性统一风格的操作还有设置线条、形状、文本框的默认样式，下面秋叶老师带大家依次了解一下。

省时省力什么的秋叶大叔我最喜欢啦！

默认线条	默认形状	默认文本框

首先来看**默认线条**。在页面中绘制一根线条，修改它的样式（粗细、颜色、虚线等），然后对其单击右键，选择设置为默认线条。在此之后，我们所有新绘制的线条均会沿用这个样式。

不过需要注意的是，形状中线条分类的后三种线条，因为闭合后可以形成形状，比较特殊，故不受默认线条样式的影响。另外，在设置默认线条之前就已经绘制好了的线条也不会发生变化。

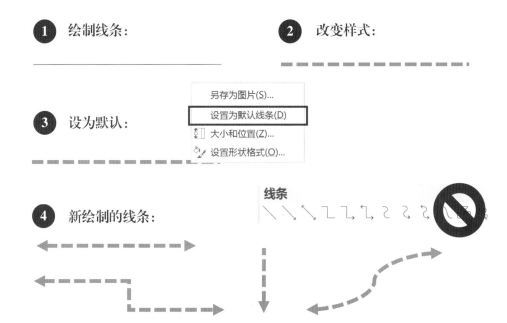

默认形状的指定方法与默认线条的指定方法类似，不过也需要注意一点：除了形状本身的样式可以被指定以外，形状中所添加的文字的样式也会一并被设置为默认样式。

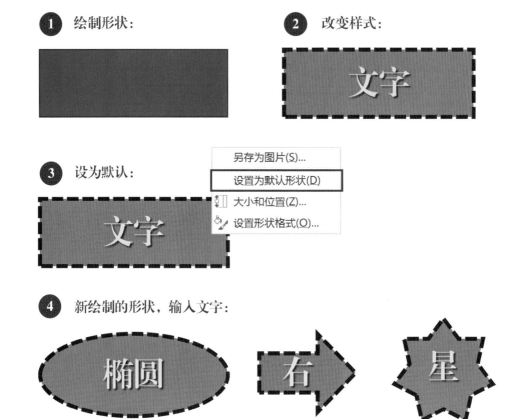

在默认线条中无法被线条样式影响的曲线、任意多边形、自由曲线，都可以被默认形状所影响。因为它们闭合之后都可以形成形状。

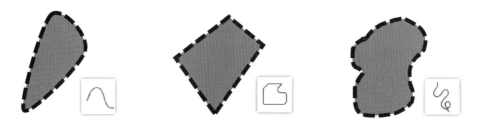

默认文本框的设置与默认线条、默认形状的设置完全相同，这里就不再多说了。

从零开始打造一份企业色 PPT 模板

　　在很多大型的企业单位，员工制作PPT时都会被要求使用企业规定的PPT模板。规范化PPT模板的使用的确会体现出公司的专业和严谨，同时也从一定程度上照顾了对PPT设计不够熟悉的员工，使他们能把精力都放到准备PPT内容上去，而在视觉效果即PPT模板上则无需考虑太多。

　　虽然依然存在把模板都用得很糟的个例，但这一方法对大部分员工来说都还是非常有效的。下面我们就一起来看一看如何制作这样一份企业色的PPT模板。

 实例 24 **公司、团队标准化模板的制作**

设置版面

　　新建一个PPT，根据需要选择设置PPT的幻灯片大小。对于一些会议室设备相对先进，使用液晶屏进行演示的企业单位，可以选择16∶9的版面比例；而如果单位还主要使用传统的投影幕布，则可以选择制作4∶3比例的模板。

　　选择符合播放设备比例的规格来制作PPT，可以最大效率的利用屏幕或幕布的面积。下面我们以4∶3比例为例进行版面设置。

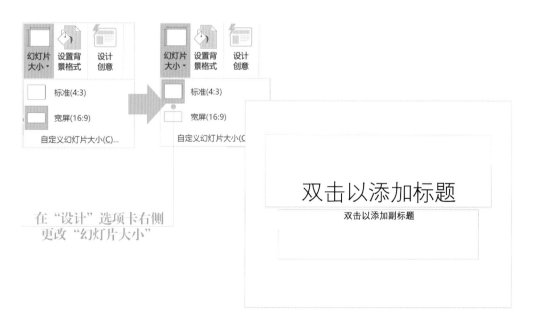

在"设计"选项卡右侧
更改"幻灯片大小"

选择配色

假设我们想要制作"秋叶PPT"团队的PPT培训模板，从秋叶PPT的官方网站上"偷取"配色方案是个很不错的选择。登录秋叶PPT官网：qiuyeppt.com，观察网站框架部分的配色，主要由红、深灰两种颜色构成。使用网页全屏截图的浏览器插件将网页截图粘贴进PPT，绘制矩形，使用"取色器"工具为矩形填充颜色，并记录下它们的RGB值。

设置主题色，先选择一套与主色调红色匹配的主题色，如"红橙色"，然后再单击自定义主题色，分别单击其中的"深色2"和"着色1"两种颜色，弹出自定义颜色对话框，通过RGB值将上面两种颜色添加进去，替换掉原来的颜色。

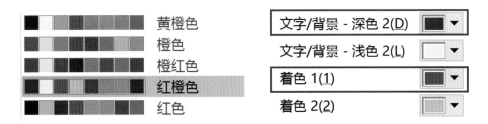

替换完成后的主题配色如下：

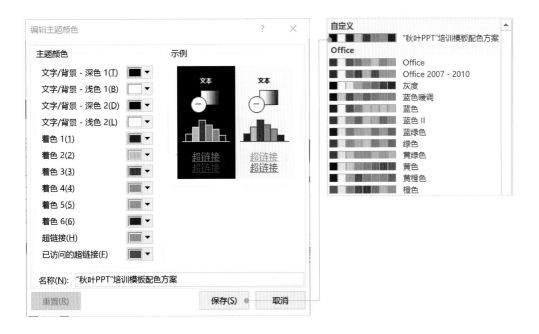

选择字体

对于培训的PPT模板来说，文字应该干净简练、能高效传达内涵，所以我们这里选择"思源黑体"系列作为主题字体，标题选择思源黑体的Bold形式，正文则选择Normal形式。

其他素材

既然定位是"秋叶PPT"的培训模板，一些与"秋叶PPT"相关的图片素材，如秋叶老师的卡通造型、头像、秋叶PPT的Logo等，也可以收集备用。

封面版式设计

封面设计一般有两种选择，一种是图片式，另一种是文字为主形状为辅的简约式。考虑到打造品牌风格，我们选择以简单形状结合秋叶老师的卡通造型的路线。母版样式几乎以原母版为基础调整，在页面右上角添加了秋叶系列课程的Logo。

目录版式设计

目录主要用于简单介绍本次培训的大纲脉络。因为一般综合类PPT培训都会持续半天以上，有时企业内训还会连续培训几天，内容较多，特别是对于PPT初学者来讲，有一个清晰的目录，能够更好地帮助他们掌握本次培训所授内容的框架及知识点的内在联系。另外，目录页稍作修改就可以变为转场页，在每进入一个新环节内容时出现一次，通过颜色强调等方式告诉学员目前讲到哪一个环节了，本次培训还剩下多少内容，间接地扮演了计时器的角色。

在母版视图新建一个版式页，通过添加文本占位符的方式即可完成目录版式的制作。

需要提醒的是，因为每一次的分享内容并不相同，即便目录上大标题的数量相等，每个大标题下的小标题数量也不一定每一次都一样，具体的排版总是有所区别。我们制作模板时只能考虑一个大致的排版，使用时再根据具体情况做调整。

正文版式设计

对于PPT培训这样的形式来说，实际操作会比讲解课件所占时间更多，特别是注重制作技巧一类的培训，很多时候会直接投影教师的操作过程；即便涉及一些案例解析，也很可能用全屏播放案例，对正文版式的需求并不大。但是考虑到我们制作的是模板，需要尽可能地照顾到各种各样的情形，所以还是可以简单设计制作一个正文版式。

下面是一个简单的图片展示页的正文版式，大家在制作自己的PPT模板时，可以先想想看自己常做的演示都需要一些什么形式的正文，然后再根据这些具体的需要来考虑和设计版式。

封底设计

封底的设计相对比较简单，可以对封面页进行一些变化，调整元素的大小和位置来制作，以便形成首尾呼应的感觉即可。

模板应用效果

上述页面仅是以PPT培训为假想目的设计的一套PPT模板，根据设计目的的不同，如工作汇报用PPT模板、论文答辩模板、项目申报模板等，其内在的页面结构和形式都可能会有所不同。

对于商业用途的模板来说，很有可能还需要制定一系列的图表页模板，对于课件类模板来说，还可能需要制定多媒体播放页的模板等。

制作完一套模板之后，如果想要便于下次使用，可以将其单独保存为"PowerPoint模板"格式。

和秋叶一起学PPT

快速导入

CHAPTER 3

各种类材料

- 如何让 PPT、Word、Excel 融会贯通？
- 表格、视频、音频怎样快速插入 PPT？

这一章，告诉你怎么做！

3.1   快速导入文档

▍如何快速新建 PPT 文档

在学习该如何将其他类型的文件导入PPT之前，让我们先来看看如何在PPT里新建一个文档。

因为双击打开PowerPoint图标会进入一个默认的新建文档，所以很多人或许还从来没有在PPT里手动新建过文档，因此错过了好多微软给我们备好的实用模板，包括日历、倒计时、奖状等。要想使用这些模板，现在就跟我一起点点"**文件-新建**"试试吧！

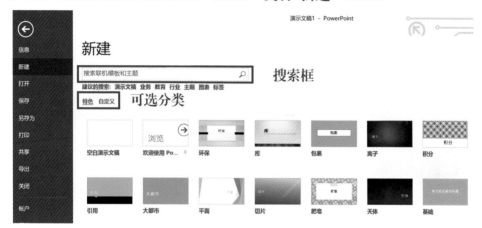

在新建选项界面的右下方，有PowerPoint自带的主题模板，这些模板大家学完上一章的内容之后应该很眼熟了吧？在本页，我们可以进行的操作一般有：

新建空白演示文稿

新建一个空白演示文稿，这是微软的默认选项，在任意一个幻灯片窗口直接按下快捷键Ctrl+N 都可以新建一个空白演示文稿。

从主题新建模板

主题模板我们在上一章已经详细介绍过了，这里不再重复。另外，打开"欢迎使用PowerPoint"这个主题，可以看到当前PowerPoint版本的一些新特性介绍。

自定义

所有通过自定义主题创建的模板都会被单独陈列在这里。

搜索

通过关键词搜索更多的微软官方的模板主题。

如果你没有定期清理桌面管理文档的习惯，有可能桌面积累了大量的图标和文件，再加上有时通过QQ等即时通信软件接收的文件，保存位置并不在桌面上，所以常常会发生明明记得在桌面上的PPT，却半天找不到的情况。

为了应对这种窘境，微软提供了一个非常实用的功能给我们，那就是打开：**最近使用的演示文档**。

除了能够浏览到最近打开过的25个PPT以外，我们还可以单击固定按钮，将常用的PPT固定到列表顶端。而在列表的底部，单击"恢复未保存的演示文稿"按钮，还能查看那些因为意外关机、程序无响应而没来得及保存的文件。当然，并不是所有情况下都能完美恢复文件，所以秋叶老师还是强烈建议大家在"选项-保存"里，设置好文档自动保存的时间间隔，对PowerPoint来说，一般设置在**5 ~ 10分钟**为宜。

在打开菜单下方还有一系列功能按键，使用这些按键我们还能打开他人与自己共享的PPT（2016版新功能）、保存在云端OneDrive的PPT、网络及本地存储的PPT。单击"添加位置"，还可以设定Office云同步的本地文件夹。

从大纲创建 PPT

有很多新手都曾问过秋叶老师一个问题：老师，我实在做不好PPT，有没有可以把Word文档自动转换为PPT的软件呢？

其实Office已经自带了这个功能，这就是**"从大纲创建PPT"**。

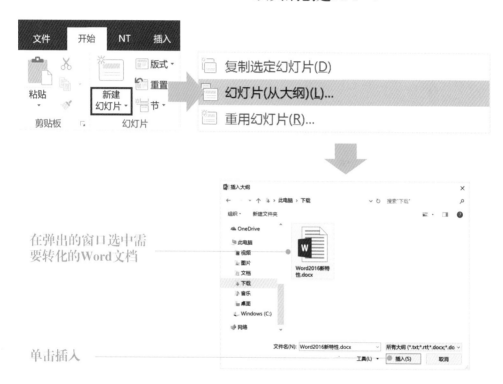

在弹出的窗口选中需要转化的Word文档

单击插入

为什么要叫作"从大纲创建PPT"呢？因为使用这套方法，虽然可以实现从Word到PPT的转换，但前提条件是需要这份Word文档设置过**"大纲级别"**才行。

Word中的大纲视图及大纲级别设置

对于已经指定过大纲级别的Word文档，使用这一功能就能按照下列对应关系自动生成基本款的PPT了：

Word		PPT
一级大纲	→	页面标题
二级大纲	→	一级大纲
三级大纲	→	二级大纲

更详细的大纲级别设置操作参见《和秋叶一起学Word》（第2版）

反过来，我们也能在设置好大纲级别的Word文档里使用 **"发送到Microsoft PowerPoint"** 功能来实现这项操作。不过这一功能并不存在与Word默认的菜单栏中，需要我们先在快速访问工具栏中添加此项功能，再进行使用。

具体的方法是在Word中单击"文件-选项"，在弹出的对话框中依次单击：

（1）左侧菜单中的"快速访问工具栏"；

（2）点开下拉菜单，选择"所有命令"；

（3）找到"发送到Microsoft PowerPoint"命令，将其选中；

（4）单击"添加"，将命令添加至右侧框体；

（5）单击"确定"，在Word顶部的快速访问工具栏中生成按钮。

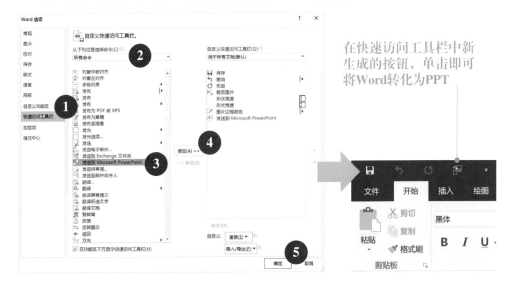

在快速访问工具栏中新生成的按钮，单击即可将Word转化为PPT

从大纲创建 PPT 的局限性

虽说简便快捷，但从Word大纲创建PPT，并非一个十全十美的方法。首先，要想实现这个转换，前提条件是Word里要分好大纲级别。

可实际情况却是，几乎所有寄希望于"一键转换"就可以搞定一套PPT的朋友，他们的Word水平也是不怎么样的，他们准备用于制作PPT的Word文档都没有设置过大纲级别，根本就无法直接进行转换。

好像是那么回事儿……根本就没分级的习惯啊！

Tips: 没有设置大纲级别的Word文档是无法一键转换为PPT的

另外，从逻辑上讲，Word的段落级别与PPT里的大纲级别的确是可以对应起来，但落实到实际运用上，这样的对应关系却往往并不好使。

以上面这个转换为例，从功能上讲，Word稿的确是被转换成了PPT，而且文本的段落级别对应关系也没有问题。但是我们都知道，PPT是要**"用图说话"**的——本页讲述PPT设计要领的"三不法则"，最好的表现形式就是每一条都举出一个正面案例和反面案例来，即总共应有6张PPT页面截图。这么多内容是根本无法在一页PPT里容纳得下的，最佳排版应该是拆为3页，每页2张图，对比体现出1种原则。

但对转换出来的PPT进行如此大的改动，已经和新做一份PPT没太大差别了。不管怎么看，至少在当前技术条件下，用这种"偷懒"的方式来制作PPT是有很大局限的。

基于大纲视图的批量调整

　　由Word大纲创建的原始PPT，要想变成最终可以交付的效果，有很多需要修改和调整的地方，并不像有的朋友想象的那样可以帮我们省下大量制作PPT的时间。但是其段落级别的规范化也为我们对转换出来的PPT进行批量调整提供了可操作性，如果你能善用PPT中的大纲视图，还是可以节约不少时间的。

 使用大纲视图对 PPT 进行批量调整

跨页批量设置字体

　　在普通视图下，页面与页面是相互分离的，除了一次性将整套PPT的字体进行设置以外，我们很难实现跨页文字字体的小范围批量设置。而在大纲视图下，页面内容是连续的，我们可以通过拖选部分文字的方式进行精确地小范围批量字体设置。

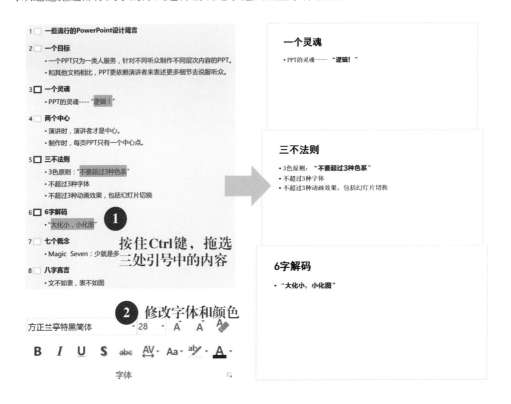

跨页调整段落或页面顺序

在大纲视图下，我们可以在选中某段文字之后，将其拖动到其他位置甚至其他页面（拖动时留意光标位置），普通视图中的文字不但会随之移动变化，而且不论是位置、大小，全都自动匹配目标位置应有的格式，无须手动调整。

如果是想调节整个页面在PPT中的位置或排列顺序，只需拖动标题前的小方块即可。

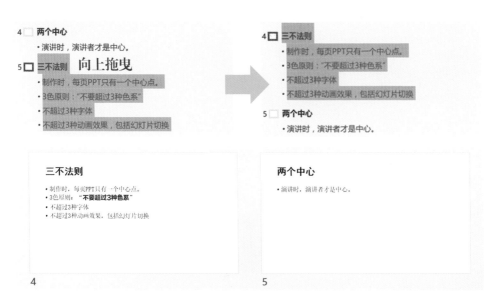

拆分幻灯片页面

还记得之前我们说到"从大纲创建PPT的局限性"时提到过的例子吗？在那个例子里，我们想要把同一页的三大点变成一页一点分开阐述的形式。这样的操作在大纲视图下也是可以完成的，不过要稍微花一点功夫。

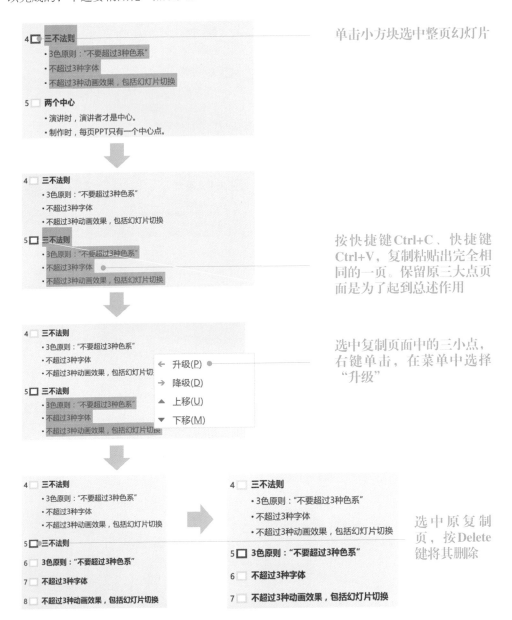

单击小方块选中整页幻灯片

按快捷键Ctrl+C、快捷键Ctrl+V，复制粘贴出完全相同的一页。保留原三大点页面是为了起到总述作用

选中复制页面中的三小点，右键单击，在菜单中选择"升级"

选中原复制页，按Delete键将其删除

从 Word 复制文字时保留或清除格式

　　看完前面秋叶老师所讲的这些内容，有的朋友或许会感叹："原来要想一键Word转PPT，并不容易呢！我还是老老实实手动复制文字内容来做PPT好了！"

　　可是你知道吗，从Word文档中复制文字内容到PPT，如果你不了解**选择性粘贴**的四种形式，也是很容易出问题的。

> 呃……选择性粘贴又是怎么回事儿？为什么有种步步惊心的感觉……

　　其实，在上一章讲到"版式的跨幻灯片复制"时，我们已经使用过"选择性粘贴"了，所谓"选择性粘贴"，就是指当我们在对文字或幻灯片内容完成复制粘贴之后，单击选择性粘贴的浮动按钮，从中选择4种粘贴形式中的一种来完成粘贴。

　　也可以在完成复制但又并未粘贴时，预先单击右键，在右键菜单中直接选择使用某种方式进行粘贴。又或者单击开始选项卡最左侧粘贴按钮下方的小三角，都能找到选择性粘贴的选项。不过一旦对粘贴的元素进行了编辑（如移动位置），浮动按钮就会消失了。

来看看四种粘贴选项粘贴出来的文字在格式上都有什么区别。了解了这些区别之后，我们才能按需选择合适的粘贴形式。

二、　快来和我们一起学 PPT 吧！　`Word`

- 百度搜索 "网易云课堂"；
- 进入云课堂之后在首页右侧搜索"秋叶"；
- 找到《和秋叶一起学 PPT》课程点击进入；
- 点击"参加课程"报名学习

1. 使用目标主题

- 使用了PPT默认的18号字
- 字体及间距设置得以保留
- 重新开始自动编号且无顿号
- 悬挂缩进丢失

2. 保留源格式

- 保留了Word中的14号（四号）字
- 字体及间距设置得以保留
- 重新开始自动编号且无顿号
- 悬挂缩进丢失

3. 粘贴为图片

- 重新开始自动编号且保留顿号
- 保留了悬挂缩进
- 文字不可再编辑

4. 只保留文本

- 段落编号转为文本
- 间距设置丢失
- 文字使用PPT的正文主题字体

3.2　快速导入表格

粘贴表格的 5 种常规方式

选择性粘贴不仅在复制/粘贴文本时有用，在复制/粘贴Excel制作的表格时，更能发挥不可忽视的作用。

粘贴表格一共有5种常规的选择性粘贴模式，下面我们分别来看一看。

使用目标样式

保留源格式

嵌入

图片

只保留文本

实例 26　在 PPT 里用 5 种不同方式粘贴 Excel 表格

首先，在Excel里新建一个表格，为了让不同的粘贴模式区别更加明显，我们先在Excel中为表格设置好字体、边框、底色等格式。设置完成的表格如下：

	A	B	C	D	E	F
1						
2	从Excel到PPT的选择性粘贴类型					
3	序号	类型		效果描述		
4	1	使用目标格式				
5	2	保留源格式				
6	3	嵌入				
7	4	图片				
8	5	只保留文本				

接下来，我们分别尝试用这5种粘贴模式将其粘贴到PPT里来，看看都有什么区别。

① 使用目标样式

这种方式会将Excel表格转换为PPT中的表格，复制Excel表格的结构及表格中的数据，但表格的视觉效果会遵从于目标PPT默认的表格样式。

从Excel到PPT的选择性粘贴类型		
序号	类型	效果描述
1	使用目标格式	
2	保留源格式	
3	嵌入	
4	图片	
5	只保留文本	

② 保留源格式

顾名思义，这种选择性粘贴模式不但能将Excel表格的结构和数据复制过来，还能较好地维持原有表格的视觉效果。

从Excel到PPT的选择性粘贴类型		
序号	类型	效果描述
1	使用目标格式	
2	保留源格式	
3	嵌入	
4	图片	
5	只保留文本	

③ 嵌入

这是一种较为特殊的选择性粘贴模式。首先从视觉上看，它与Excel表格的效果最为一致，包括通过合并单元格功能两行变一行的表格标题部分，都与Excel保持了一致。

从Excel到PPT的选择性粘贴类型		
序号	类型	效果描述
1	使用目标格式	
2	保留源格式	
3	嵌入	
4	图片	
5	只保留文本	

　　更为独特的是，这一表格并未像前面两种模式下那样被转换成了PPT表格，我们只需双击表格，即可进入Excel的编辑环境对表格进行修改，相当方便。

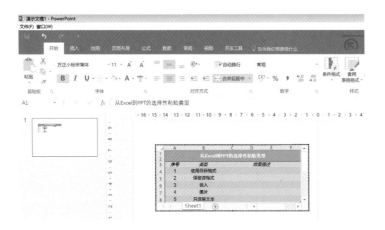

4 粘贴为图片

　　保证Excel表格的外观，但实际上是一张图片，无法再进行任何改动。

从Excel到PPT的选择性粘贴类型		
序号	类型	效果描述
1	使用目标格式	
2	保留源格式	
3	嵌入	
4	图片	
5	只保留文本	

5 只保留文本

　　将表格内的所有文字内容放入同一个段落文本框，用制表符标记隔开不同列，文字字体使用PPT正文主题字体。

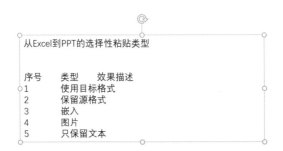

粘贴表格的一种特殊方式

除了前面5种常规的表格粘贴方式以外，还有一种较为特殊的粘贴方式。使用这种方式粘贴Excel表格，粘贴完成之后，如果原Excel表格发生了变化，如更新了数据、填入了新内容等，PPT中的这个Excel也可以随之更新。

怎么样，这个功能不错吧！知道该怎么做吗？

具体的操作也非常简单。当我们复制完Excel表格，切换到PowerPoint时，先不要着急粘贴，而是单击"开始"选项卡中"粘贴"按钮下方的小三角，然后单击"选择性粘贴"打开设置对话框，选择"粘贴链接"，单击"确定"按钮完成粘贴。

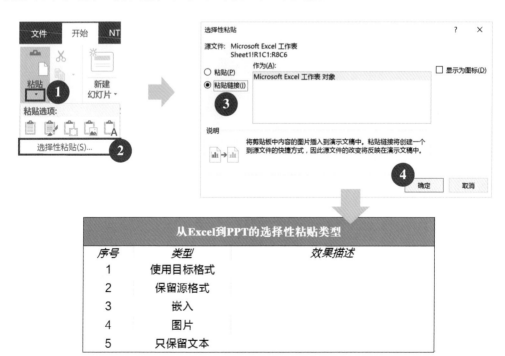

从Excel到PPT的选择性粘贴类型		
序号	类型	效果描述
1	使用目标格式	
2	保留源格式	
3	嵌入	
4	图片	
5	只保留文本	

在PPT中双击此表格，会自动打开原Excel文件，跳转到Excel窗口。我们只需在Excel中对表格进行编辑或数据更新，完成更改后保存Excel文件即可。

通过链接的方式插入的表格，当我们改动原Excel文件的数据时，如果PPT处于打开状态，则PPT上的表格也同步被改动；如果PPT处于关闭状态，则下次打开时会跳出提醒窗口，问我们是否要更新链接。单击"**更新链接**"之后，PPT上的表格数据就会自动与Excel表格最新的数据同步了。当然，你也可以单击"取消"，使PPT中的表格维持上次关闭时的原样。

单击以同步Excel表格数据

那如果想要更新链接却误点了"取消"，有没有办法再次更新表格数据呢？当然有啦，只需右键单击PPT中的表格，选择"更新链接"就可以了。

另外，"更新链接"操作会更新PPT中所有表格的数据。如果你的PPT里有多个链接的表格，而你又只想更新特定一个或几个表格的数据的话，可以在打开PPT时选择"取消"，然后在分别更新那些你想要更新数据的表格。

链接的 Excel 表格找不到了怎么办

如果PPT中链接的Excel表格改名或移动了，那我们打开PPT时会被要求更新链接，而且会更新失败，弹出下面这样的对话框。即便我们手动对表格进行更新，也会收到"链接无法更新"的提示。这时就需要我们手动修复PPT和Excel文件之间的链接关系了。

更新链接失败提示窗口

手动更新失败提示窗口

按照对话框上面的提示，进入"**信息**"选项卡，在右下角找到"编辑指向文件的链接"，单击后会弹出对话框，我们可以看到文档中所使用的链接列表及链接是否可用。

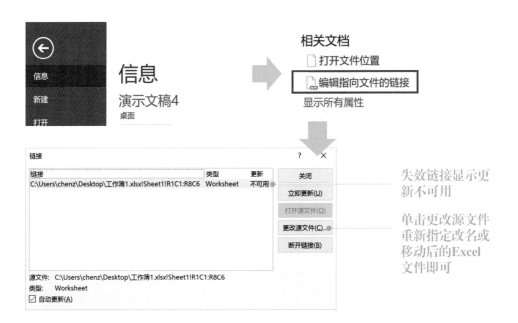

失效链接显示更新不可用

单击更改源文件重新指定改名或移动后的Excel文件即可

3.3　快速导入其他幻灯片

复制其他幻灯片的元素

　　关于如何完整复制其他幻灯片的页面，我们在上一章"版式的跨幻灯片复制"中已经学习过相关操作。在这里，秋叶老师想再补充说明一下复制其他幻灯片元素的方法。

　　和复制版式时遇到的情况一样，单纯框选、复制粘贴元素到新幻灯片的话，假设原幻灯片中的形状使用了主题色，那这些颜色在新幻灯片中就会被替换为新幻灯片的主题色，无法保持原貌（非主题色元素不会遇到这样的情况）。

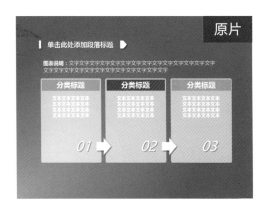

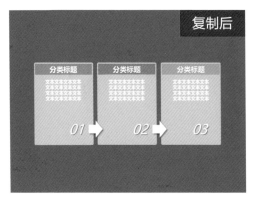

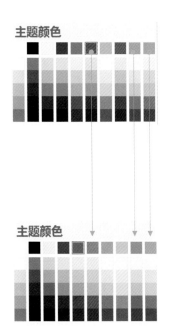

原主题色元素在新幻灯片里被
填充上了新主题的同位主题色

　　还是运用复制版式时我们用过的方法，在页面单击右键，使用"选择性粘贴"，选择"保留源格式"来粘贴元素即可。这一操作前面我们已经练过多次，相信大家都已经掌握得非常纯熟了。

重用幻灯片

在PowerPoint里，"**重用幻灯片**"是一个少被提及的功能，但既然我们讲到了幻灯片页面及幻灯片元素的复制，那这个功能还是不得不提。使用它，我们可以在不打开目标幻灯片的情况下，提取和复制该幻灯片中的部分页面，将其插入当前幻灯片中，具体的操作如下。

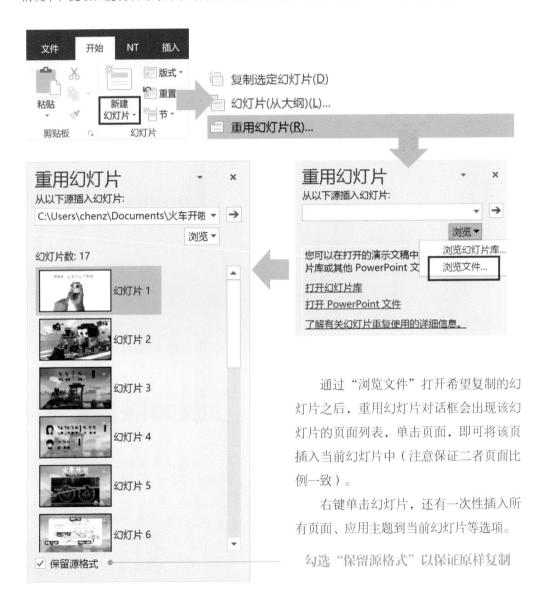

通过"浏览文件"打开希望复制的幻灯片之后，重用幻灯片对话框会出现该幻灯片的页面列表，单击页面，即可将该页插入当前幻灯片中（注意保证二者页面比例一致）。

右键单击幻灯片，还有一次性插入所有页面、应用主题到当前幻灯片等选项。

勾选"保留源格式"以保证原样复制

合并幻灯片

　　与"重用幻灯片"功能类似的，PowerPoint还提供了将两个PPT完整拼合在一起的功能——**"合并幻灯片"**。如果你不需要挑选PPT文档中的部分页面进行重用的话，使用这个功能更加快捷。

　　在幻灯片A中单击**"审阅-比较"**，打开合并幻灯片窗口，选择想要合并的幻灯片B，单击"合并"，此时幻灯片预览窗口会出现修订操作复选框，表明已在幻灯片A开始位置插入幻灯片B，勾选首行"已在该位置插入所有幻灯片"复选框或单击工具栏中的"接受"按钮，均可确认合并操作。最后，单击"结束审阅"即可退出审阅状态。被合并的幻灯片B将保留源格式，插入到幻灯片A的所有页面之前。

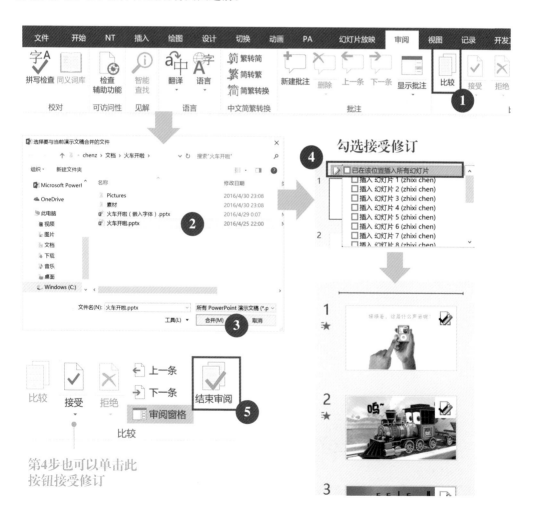

3.4　批量插入图片

在毕业班会、婚宴酒席等场合，我们常常能看到滚动播放的电子相册，制作这种简单的相册，不需要什么专业的软件，就用PPT也能完成，下面我们就来看一个实例。

实例 27　批量插入图片制作电子相册

首先，挑选好你想要制作成相册的照片，将它们都放到同一个文件夹里。

在PowerPoint中单击"插入-相册"，再单击弹出窗口中的"文件/磁盘"按钮，找到存放照片的文件夹，按快捷键**Ctrl+A**选中所有图片，单击"插入"。

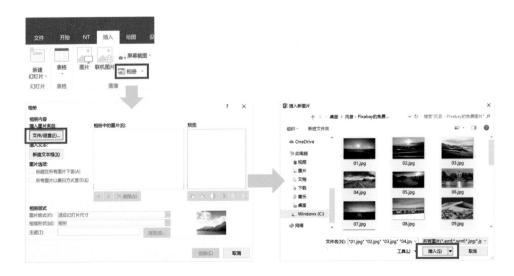

　　此时所有的图片会进入相册对话框的图片列表中，如果需要的话可以勾选对应图片后通过下方箭头按钮来调整图片的顺序。

　　打开下方"图片版式"的下拉菜单，我们还可以选择将这些图片以什么样的形式来显示。选定版式之后还可以选择"相框形状"，在右侧有简单示意图可供参考。

　　在本例中我们选择2张图片、居中阴影的样式。

　　最后，我们再单击主题栏右侧的"浏览"按钮，为相册选择一个合适的主题。这里我们选择"Office Theme"这个白底色的主题。如不进行指定，即生成黑底色的相册。

　　设置完成单击"创建"按钮，即可生成相册。

如果选择**"适应幻灯片尺寸"**模式插入图片，创建相册功能则会按照图片数量新建同等页数的PPT，以每页一张图的形式插入图片。

不过正如上图显示的那样，由于图片的比例不一定与页面比例相同，所以并不一定可以刚好占满整个PPT页面，PowerPoint会自动缩放调节图片大小，使页面足够容纳整张图片，展现出图片的全貌。

完成图片的插入之后，删除封面页，全选所有幻灯片，进入**"切换"**选项卡，将切换效果设置为"随机"，按F5键播放，就可以看到电子相册的展示效果了。

3.5　在 PPT 中插入视频

视频的插入与格式

不管你的PPT是用于商业用途还是教育行业，都有可能需要在PPT中插入视频。我们可以通过视频向观众介绍自己的研究项目，可以通过视频为学生们拓宽眼界，达到文字和图片不能企及的效果。

自PowerPoint 2010版开始，PowerPoint的视频功能得到了相当大的提升，不但支持了更多的格式，还新增了很多显示样式和实实在在的处理编辑功能。

按照传统的方式，我们可以进入"插入"选项卡，在工具栏右侧找到"视频"，单击之后选择需要插入的视频即可。

不过也有更简单的方式，那就是直接把视频文件从桌面上拖曳进PPT的编辑窗口。如果你的PowerPoint是全屏运行状态，则可以先将其最小化，然后将桌面上的视频文件拖向任务栏上的PowerPoint图标及想要插入视频的那个PPT。待到窗口恢复全屏大小，在PPT页面上释放鼠标左键，稍等片刻，视频就被插入当前页面了。

PowerPoint 2016几乎支持所有主流的视频格式，一般来说根本无须担心格式上的问题。但如果你是需要到教室、讲堂、会议室等场合使用，不太清楚播放场地电脑上的Office是什么版本，甚至是不是只有WPS，那还是建议你先将视频格式转为WMV再插入PPT。

实例28 使用"格式工厂"将视频转为 WMV 格式

搜索、安装好"格式工厂"，打开软件后单击左下方的输出目录，将其改成桌面位置。

将需要转换的视频拖动到格式工厂右侧空白区域，在弹出的窗口选择"WMV"，单击"确定"按钮。

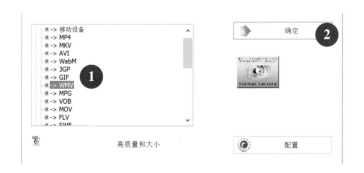

此时，转换任务会进入任务列表，单击顶部的"开始"按钮，格式转换就开始了。

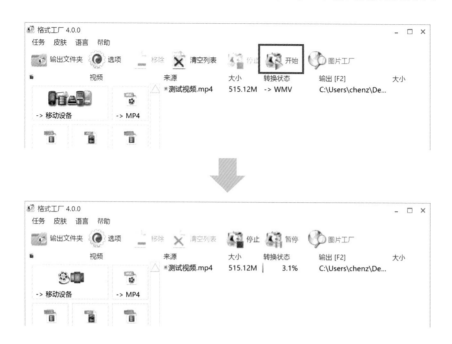

如果对转换的视频有更多细节上的要求，还可以在转换开始之前，右键单击任务列表中的任务，进入"配置"选项，进行相应的设置。如果只需转换视频中的某一段，可以单击"选项"进行片段选择，选定之后再进行转换。

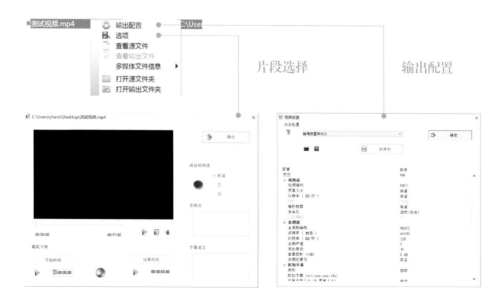

改变视频的封面效果

插入PPT的视频在播放前会显示为带播放器框架的静态图片样式，这原本为我们识别该视频的内容提供了便利，但由于默认显示的静态图片为影片的第一帧，如果插入的视频是从全黑中慢慢淡出，那静态图片就是一个大黑块，放在页面上视觉效果很糟糕。

不过好在我们是可以手动更改这一效果的。在PPT里拖动视频的进度条，将其定位在一个合适做封面的画面，然后单击"视频工具-格式"选项卡中的**"海报帧"**按钮，在下拉菜单中选择"当前帧"即可让视频把当前画面设置为封面静态图片了。

对于一些短小的视频片段或画质不好的视频来说，或许我们很难在影片当中找到合适的画面作为视频的海报帧，此时可以选择"**文件中的图像**"选项，使用指定的图片作为海报帧。

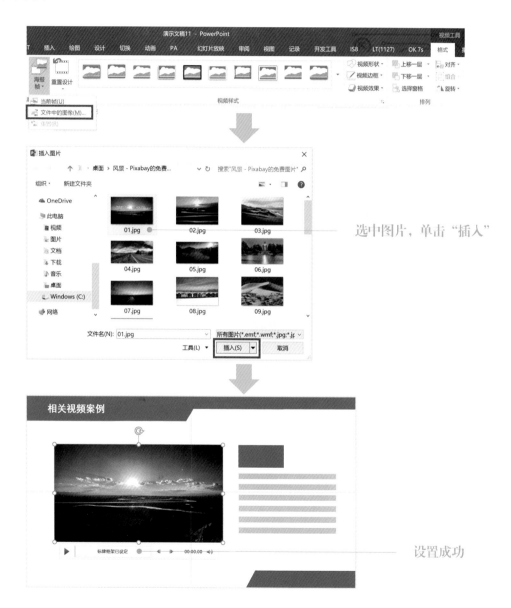

选中图片，单击"插入"

设置成功

完成操作后，图片成功被设置为视频的海报帧。整个操作相对简单，唯一需要提醒的是请注意图片的长宽比例与视频的长宽比例保持一致，否则设置后图片会变形。

改变视频的外观效果

在PowerPoint 2016里，视频的外观属性被划归到与图片同类。也就是说，大部分针对图片可以实现的修改操作——如裁剪、视频样式、变色等，对视频依然有效。

裁剪视频

与裁剪图片的方式一致，进入"视频工具-格式"选项卡，单击"裁剪"，即可像裁剪图片那样裁剪视频——而且裁剪完毕之后丝毫不影响视频的正常播放（当然只能播放部分画面）。

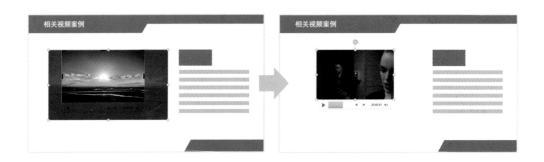

视频样式

在"视频工具-格式"选项卡中部，我们可以选择多种视频样式。这些样式可以快速地改变视频窗口的外观效果。善用这些效果，能为你的PPT视频展示加分不少。

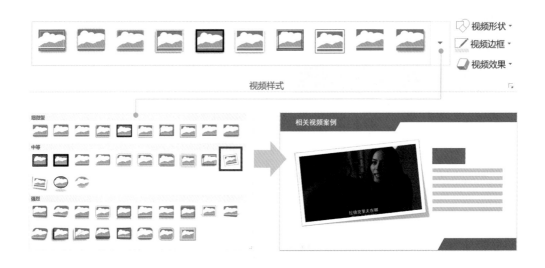

颜色、亮度/对比度效果

　　和处理图片一样，PowerPoint也能对视频进行颜色、亮度/对比度的调整。方法也是极度类似，只需要选中视频，单击"更正"和"颜色"按钮，打开下拉菜单，就能选择各种效果组合。当然，也可以单击下拉菜单底部的选项按钮进行更多设置。

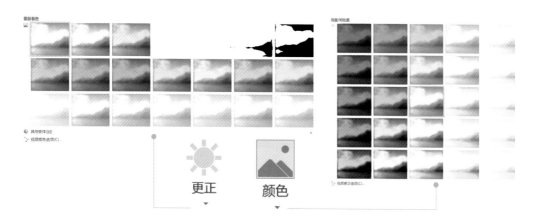

重新着色：蓝色

重新着色：黄色

亮度+40%

对比度+40%

控制视频的播放

在默认情况下，插入的视频在该页幻灯片播放时并不会自动开始播放，将鼠标指针指向视频窗口，会在窗口底部浮现出控制条，单击控制条上的播放按钮就可以播放视频了。

- 视频播放按钮
- 进度条
- 音量控制按钮

要是你想创建一个进入页面就自动播放的视频，那也不难，单击"动画-动画窗格"，然后将动画窗格里的影片播放动画向上拖到动画窗格顶部，此时"触发器"等字样消失，影片就变成自动播放效果了。

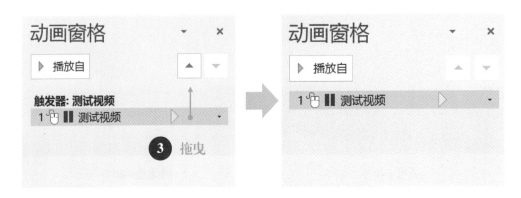

除了控制视频的播放和停止，现在我们还可以在PowerPoint中直接对视频进行选段裁剪，只保留视频中特定的时间段落——不过不要担心，PowerPoint内部的视频裁剪并不会丢弃视频的多余部分，仅仅是不予以播放而已。只要你愿意，随时可以将视频恢复原样。

实例 29　去除视频前的广告片段

选中页面中插入的视频，进入"视频工具-播放"选项卡，单击"**剪裁视频**"，弹出视频剪裁窗口。

视频有47分钟，而广告只有数十秒，我们很难靠拖动"开始标记"精准确定正片开始位置。可略微拖动"开始标记"到大致位置，单击微调按钮对标记位置进行微调，必要时还可以在左侧时间框手动更改小数点后的数字以达到分毫不差。最后单击"确定"按钮完成剪裁。

插入屏幕录屏

　　在PowerPoint 2016里，我们除了插入现有的视频，还能通过"**屏幕录制**"功能录屏并插入PPT里使用，这对很多涉及软件操作等方面的教师制作授课课件是非常有帮助的。

　　"屏幕录制"的按钮也在"插入"选项卡里，单击该按钮后，当前PPT会自动最小化，屏幕变成灰色半透明状态，光标变成十字形状。如果当前窗口不是想要录制的窗口，也可以按Alt+Tab 键切换。定位到需录制窗口，拖动十字光标框出录屏区域，单击顶部的"录制"按钮即可开始录制。想要结束录制，按**Win +Shift +Q** 组合键即可，录制好的视频就会自动插入PPT。

红色虚线框 ———

屏幕出现3秒倒计
时，并提示按
Win +Shift +Q组
合键可以停止录
制。倒计时结束
后录制开始

按热键，录制
完毕。录制的
视频已被插入
PPT页面

3.6 在 PPT 中插入音频

音频的插入与格式

　　PowerPoint中音频的插入与前面我们讲过的视频插入方法完全一致，你可以自由选择通过"插入"选项卡中的"音频"按钮来插入音频，或是直接拖动音频文件至当前页面，具体的操作过程这里就不再重复了。

　　同样的，虽然PowerPoint 2016已经支持绝大部分的常见音频格式，但如果因为演示场地所限，需要照顾低版本下的兼容性，那就需要先把音频通过"格式工厂"转为WAV格式之后再插入使用。

如何让插入音频变为背景音乐

　　PPT中如果需要插入视频，一般都是起到介绍、案例分析等作用，视频本身就是需要观众关注的要点。对于音频而言，有时则会有所不同，或许我们只是需要为PPT增添一点背景音乐，起到营造气氛的作用。

　　如果不加以设置，插入的音频只会在当前页播放，一旦翻页就会断掉，想要将其变为背景音乐，你还需要进行以下操作。

　　选中插入的音频小喇叭，进入"音频工具-播放"选项卡，在工具栏最右侧选择**"在后台播放"**，此时左侧音频选项中的"跨幻灯片播放""循环播放"和"放映时隐藏"选项会被自动勾选，且开始条件也变成了"自动"。再次运行幻灯片，插入的音频就变成自动播放的背景音乐了，页面上的小喇叭按钮也会在播放时被隐藏起来。

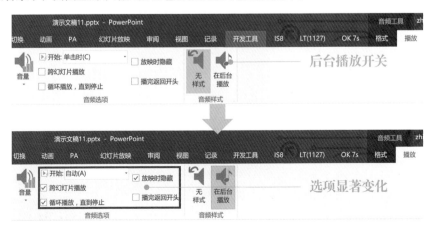

让音频在部分页面播放

对于那些需要制作课件、参加教学比赛的教师而言，他们往往还会有这样的需求。

> 我的课件前5页是导入环节，营造气氛需要背景音乐。但从第6页正课开始我又需要音乐停止，除了自己估算好时间裁剪音乐以外，还有别的办法吗？

实际上我们是可以通过设置来完成这一要求的，并不需要去测算自己的语速，然后手动裁剪音频。毕竟我们无法保证自己的语速每遍都一致，再加上比赛时难免会有紧张忘词之后临时发挥救场的情况，更是没法保证能在固定的时间内刚好讲完。要是你的内容还没讲完，背景音乐就停止了，或者已经讲完了音乐还在继续，那就比较尴尬了。

实例30 让背景音乐只在 PPT 前 5 页内播放

在第一页PPT插入音乐，选中页面上的小喇叭，单击"音频工具-播放"，将音频设置为"在后台播放"，然后取消勾选"循环播放，直到停止"。

即便勾选"放映时隐藏"，编辑模式下小喇叭仍然会存在

先设置后台播放，再取消勾选循环播放

　　进入"动画"选项卡，打开"动画窗格"，可以看到音频播放的动画——不管是播放音频还是视频，都被视为一种动画效果。

　　右键单击这一动画，选择"效果选项"，打开效果设置对话框，可以看到音频开始和停止播放的设置选项。

　　现在我们只想在前5页幻灯片播放音乐，因此将"停止播放"功能区中的"999"更改为"5"，然后单击"确定"按钮结束设置。

　　请特别注意这里的计数并非第几页。如第 1 页是封面，我们想在第 2 ～ 6 页内播放音乐，这里依然填"5"，而不是"6"。

　　其实除了上面所说的这个要点，秋叶老师还要再给大家总结一个**关键点**——此项设置的文字描述是"在几张幻灯片后"，有的朋友可能会有所误解，从下一页开始计数，把第2页当作了"在1张幻灯片之后"。但事实上这个计数是要包含插入音频的这一页PPT本身的，数的时候可不能漏掉哦！

插入录音

　　PowerPoint可以插入临时录制的视频，也可以插入临时录制的音频。这一功能在教学辅助方面帮助较大，教师可以录制当前PPT页面的讲解内容直接插入，把PPT复制给学生，学生播放PPT时就能在老师的讲解带领下进行复习或预习。

　　不过，录制音频时是不能进行其他操作的，所以我们无法一边演示操作PPT，一边录制自己的讲解——如果你想要实现这一功能，可以用"幻灯片放映"选项卡中的"排练计时"命令。

　　还是回到音频录制上来，让我们看一个具体的例子。

实例31　　美术教师录制对名画《蒙娜丽莎》的讲解

　　利用"画廊"主题及"居中矩形阴影"图片样式制作好PPT页面，单击"插入-音频-录制音频"弹出音频录制窗口，重命名一下音频，然后单击红色圆形按钮开始录制解说。录制完毕单击蓝色方形按钮停止，音频已被自动插入当前页面。

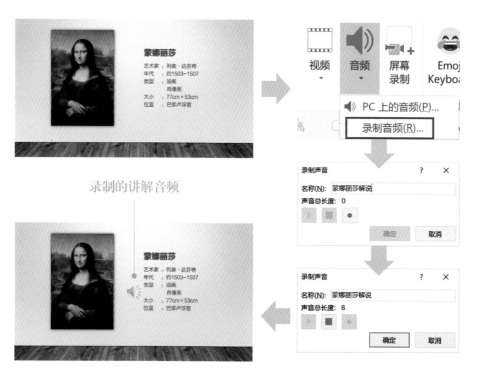

录制的讲解音频

3.7　插入 Flash 动画

随着时代的进步及PowerPoint对插入视频功能的大幅改进，在PPT中使用Flash影片作为素材的需求比起过去已经少了很多，但在个别情况下，我们可能还是会需要使用Flash影片素材。

按照传统的做法，Flash动画影片的插入需要通过"开发工具"中的控件来插入，过程比较烦锁。不过在PowerPoint 2010版以后，我们就可以直接将SWF格式的Flash影片视作视频，可以用和插入视频一样的方法来插入Flash影片了。

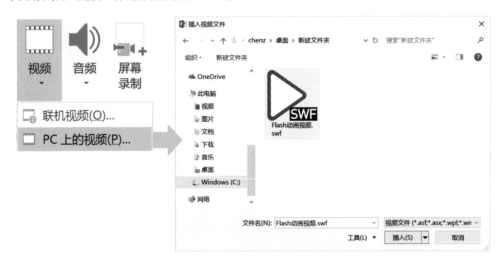

Flash动画插入页面后，默认的尺寸会比较小，可以将其拉大到合适大小——此过程不会损失动画的清晰度。

另外，Flash动画会在页面放映时自动开始播放，而在放映之前会显示为黑色矩形。我们可以利用前面学过的方法，为其设置"海报帧"，起到美观的作用。为了和动画的内容保持相关性，可以在播放状态截图第一帧，另存后将其设置为"海报帧"。

默认插入页面的Flash动画

拉大尺寸并设置"海报帧"后的效果

3.8　如何避免插入的音频 / 视频无法播放

对于很多PPT初学者而言，只要是PPT涉及插入音频或视频，最后又需要复制到U盘里去另外的电脑上播放，那么有很大概率都会遇到音频/视频无法正常播放的情况。

曾经就有学生问过我这样的问题：

> **"秋叶老师，为什么我明明把音频/视频文件和PPT一起打包带走了，
> 可是换了台电脑播放PPT时还是说找不到文件呢？"**

出现这种情况的原因，往往是因为音频/视频文件在插入PPT之后路径又发生了改变。据秋叶老师仔细观察，大部分的同学，是按照下面这样的流程来制作和复制PPT的。

（1）在桌面上新建PPT文档，开始制作；

（2）在网上下载到需要的音频/视频，放到桌面；

（3）把视频/音频插入PPT，继续完成剩下的页面制作；

（4）制作完毕，新建一个文件夹，把音频/视频文件和PPT都放到文件夹里，复制到U盘带走。

> 看，问题就在最后一步：音频 / 视频文件插入 PPT 的时候明明是在桌面上的，最后却变成了在桌面上的一个文件夹里，这不是改变了路径吗？

所以，最好的办法就是调整制作流程顺序，把新建文件夹放到第一步。

（1）新建一个文件夹，在文件夹里新建PPT文档，开始制作；

（2）在网上下载需要的音频/视频，直接下载到文件夹里；

（3）把音频/视频文件从文件夹里插入PPT，完成剩下的页面制作；

（4）把整个文件夹复制到U盘带走。

如果你在制作的时候忘记了按这样的顺序来，也可以在制作完毕后用PowerPoint提供的打包功能来完成这一系列的工作，将所有素材打包到同一个文件夹里。

3.9　插入其他类型的文档

　　除了支持插入常见的视频、音频这样的多媒体素材，PPT还可以利用**"插入-对象"**功能来插入很多自身并不支持的文件，如Word文档、Excel表格、PDF文档等。只要电脑里面存在支持打开此类型文档的程序，我们可以在播放幻灯片时单击缩略图跳转使用对应的程序打开这些文档。

　　在弹出的"插入对象"对话框中，选择"由文件创建"，然后单击"浏览"按钮，加载需要插入的文档，最后单击"确定"按钮就可以完成插入。

　　勾选右上角的"显示为图标"，则只在PPT页面显示对应的程序图标而不显示缩略图。

　　如果未作勾选，那么与选择性粘贴类似，被插入的文档会以缩略图形式出现在PPT页面上，双击即可进启动外部程序进行浏览。如果对象是Excel或Word文档，还能就地加载对应的程序框架，实现迅速编辑修改。

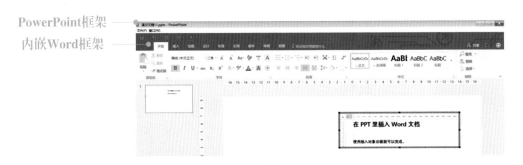

和秋叶一起学PPT

怎样排版

CHAPTER 4

效率最高

- 花了很多时间排版？
- 每次都用鼠标拖来拖去？
- 想知道又快又好的排版方法？

这一章，告诉你哪些习惯该改了！

4.1　快速排版之网格

网格有什么用? 你是不是也这样想:

没有打开网格
一张白纸好画图

打开网格的PPT
爬满格子真碍眼

1. **距离**——网格决定键盘最小移动值

对象对齐网格

手动调整网格间距

右键菜单调出参
考线和网格线

2. **对齐**——打开网格后误差一目了然

这几个矩形对齐了吗?

网格可以帮你发现细微误差

3. **裁剪**——照片随格裁，N×M都不难

结合拉伸，
图片利用网格线
很容易对齐裁剪

•好耳机的选择
•最烧耳机音乐
•最配苹果耳机

•好相机的选择
•高分辨的相机
•最配女生相机

4. **画线**——特定角度斜线很容易画

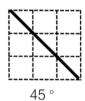
45°

60°

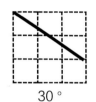
30°

左边红色形状和白色形状都
是用任意多边形画出来的，但是
两个形状的斜边在网格角点帮助
下才能比较容易画平行。

行　业 | BUSINESS LINE

5. **排版**——网格也能提供排版灵感

学而 **時** 习之

【时】：合时宜的，适时的

4.2　快速排版之参考线

　　如果你用版式，那么你可以很好地确定各对象的位置，并且十分精准。如果你不是每次都会去幻灯片母版里面做版式，对于很多用图示组成的页面，你排版时一定会需要——参考线。使用PowerPoint中的参考线，可以快速对齐页面中的图像、图形、文字等对象，使得版面整齐好看。

　　"**参考线**"在初始状态下是由位于"**标尺**"刻度"0"位置的横纵两条虚线构成。参考线可以根据个人需要添加、删除、移动，是排版的一大利器。它具有吸附功能，能将靠近参考线的各设计元素自动吸附对齐到此参考线上。

打开参考线——一键式开关：

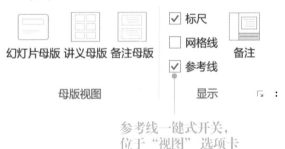

参考线一键式开关，
位于"视图"选项卡

通过菜单打开参考线：

单击对话框启动器，
调出网格和参考线设置

初始状态下参考线由横向与纵向两条交叉中心线构成。也许仅仅两条参考线并不能满足你的个性化排版需要，你想要更多，或是你想要在页面的其他地方也绘制参考线，那么可以选择**复制**参考线、**移动**参考线，还可以**移除**参考线。

移动参考线

光标移近参考线附近，单击参考线，出现数字时，按住左键不放，移动光标即可将选中的参考线移动到需要的位置。

将参考线移到编辑区的外面，释放鼠标，即移除了该参考线。

复制参考线

光标移近参考线附近，单击参考线，出现数字时，按住**Ctrl键**的同时按住左键，移动鼠标即可在目的位置复制一条参考线。

本书，还有《说服力 让你的PPT会说话》等都是多个作者分工负责不同的章节编写的，如何保证整本书最后的段落、标题、正文排版都统一而且满足印刷留边的要求呢？我们给所有的PPT模板设置了统一的参考线，只要你的排版在参考线范围内就没有问题。

利用参考线定义左边距 利用参考线定义右边距

4.3 快速排版之智能参考线

为了对齐版面上的对象，每次都要拉出无数根参考线，这些像蜘蛛网一样的参考线会让眼睛非常难受，更麻烦的是同一套PPT中只能存在一种参考线方案，如果想根据不同的页面设置不同的参考线方案，就不方便了。

PowerPoint 2010之后的版本提供了**智能参考线。**

智能参考线在平时是看不见的，只有在你需要的时候，它才会自动出现，不过需要打开开关。

打开"网格线与参考线"弹出菜单，在"参考线设置"栏内开启"智能参考线"。

打开智能参考线

当你在页面上移动物体元素时，智能参考线会寻找画面里的中心点、中心线、页面边界、物体边界，并在这些位置出现临时参考线，沿临时参考线释放鼠标左键页面元素会自动对齐。

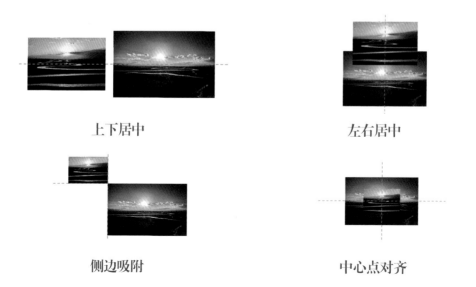

上下居中　　　　　　　　　　　　左右居中

侧边吸附　　　　　　　　　　　　中心点对齐

4.4　快速排版之对齐

　　很多人喜欢用鼠标一个一个对齐页面元素，这样做首先效率很低，其次鼠标对齐精度不可控。别忘了PowerPoint提供了强大的对齐功能，也许你还不太习惯用它，但活用"对齐"绝对会成为你快速排版的利器。

　　你可以在"开始"选项卡与"格式"选项卡中找到**对齐**工具。其中，格式选项卡必须要选定了对象才会出现。

各种对齐类型

对齐幻灯片是所选对象与幻灯片的边界对齐；

对齐所选对象是对象之间相互对齐

猜猜看，"对齐"除了对齐，还能干什么？

一个矩形加一条直线，运用"底端对齐"，它们马上就天衣无缝地结合成一个新的图示。

两根直线运用"顶端对齐"和"右对齐"，能十分完美地连接到一起。

两个形状运用"左对齐"和"底部对齐"，也能很融洽地组成一个新的图示。

用对齐来排版

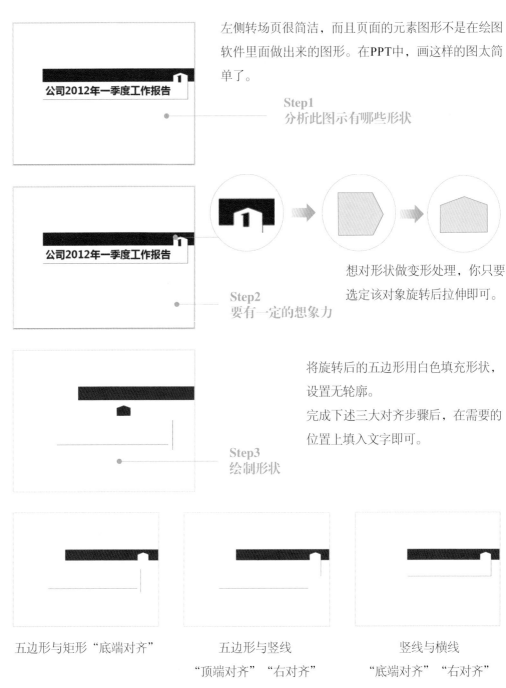

左侧转场页很简洁，而且页面的元素图形不是在绘图软件里面做出来的图形。在PPT中，画这样的图太简单了。

Step1
分析此图示有哪些形状

想对形状做变形处理，你只要选定该对象旋转后拉伸即可。

Step2
要有一定的想象力

将旋转后的五边形用白色填充形状，设置无轮廓。
完成下述三大对齐步骤后，在需要的位置上填入文字即可。

Step3
绘制形状

五边形与矩形"底端对齐"

五边形与竖线
"顶端对齐" "右对齐"

竖线与横线
"底端对齐" "右对齐"

4.5　快速排版之分布

　　有的时候，我们需要让几个对象间距相同。如果你仅靠目测来排版，那就太不专业了。除了对齐，还有一项工具在排版中应用得非常频繁，它就是分布。在PPT中有3种分布类型：

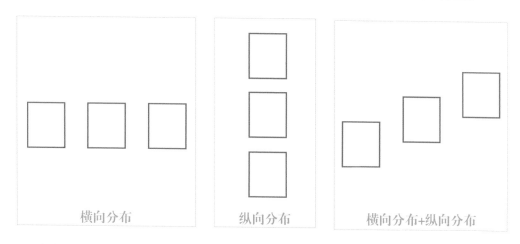

横向分布　　　　纵向分布　　　　横向分布+纵向分布

　　分布菜单常常与对齐菜单在一起，你可以在对齐的下面找到分布菜单命令，它只有两个命令："横向分布"与"纵向分布"，意思是把物体在页面上横向/纵向均匀地排列。要注意设置中选择"对齐幻灯片"与"对齐所选对象"的区别。

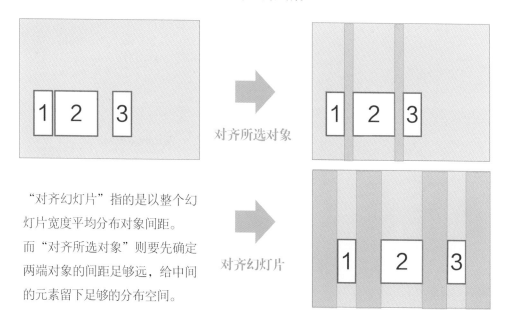

对齐所选对象

对齐幻灯片

　　"对齐幻灯片"指的是以整个幻灯片宽度平均分布对象间距。
而"对齐所选对象"则要先确定两端对象的间距足够远，给中间的元素留下足够的分布空间。

如何使用"分布"功能快速绘制以下的图示?

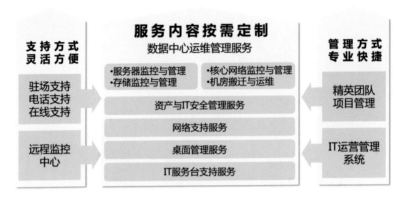

Step1: 先定位,画五边形,横向分布

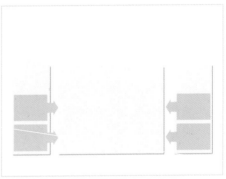

Step2: 绘制箭头矩形,纵向分布左对齐后组合复制、水平翻转、右对齐、底对齐

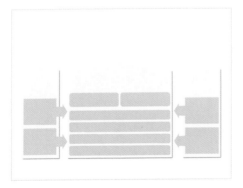

Step3: 绘制中间矩形,居中对齐、纵向分布

Step4: 填入文字

横向分布的缺陷

虽然在单组对象进行横向分布时，使用分布命令可以迅速完成排版，但在实际操作时是存在一些缺陷的。

举个例子，页面上有三幅图，图片的大小规格是一模一样的，现在为三幅图添加标题，但标题文字的长度却有所不同，此时按照我们的传统审美，每一张图片的标题都应该位于图片的垂直中心线上，如右下图所示。

但我们却无法通过对标题使用横向分布来实现这样的效果。因为横向分布讲究的是间距相等。我们追求的效果却是图片的中心线间距相等，二者有显而易见的区别。

**标题与画中心线对齐则
间距不等，非横向分布**

**对标题使用横向分布使间距相等，
中间的画与标题中心线又无法对齐**

只有对标题使用类似"中心线等距分布"这样的命令才能达到我们想要的效果。可惜的是，微软在PowerPoint里却并未设计这样的功能，所以遇到这样的情况，我们通常只能手动依次将每幅画的标题与画布进行居中对齐——这就是横向分布的一点小缺陷。

不过，如果你的PPT装有**OneKey Tools**插件，利用"对齐递进"功能组中的"轴心等距对齐"就可以一键完成上面的效果了！

有关更多插件的神奇应用，我们会在第7章里详细地进行讲解。用好插件，可不是很多人想象的那样仅仅是节约时间而已，有非常多的效果，不借助插件的话用再多时间也是无法完成的哦！

4.6　快速排版之旋转

PowerPoint中提供的旋转功能常常被忽略，旋转功能分镜像对称（垂直翻转、水平翻转）和旋转角度（向左旋转90°、向右旋转90°）两种，现在让我们看看这些功能有何不同。

垂直翻转　　　　　　　**水平翻转**　　　　　　　**向右旋转90°**

除了按指定方向翻转或指定角度旋转外，PowerPoint还提供了对手动旋转的支持。

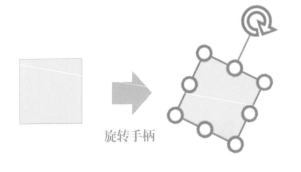

旋转手柄

选中对象后会出现顺时针箭头的旋转手柄，将鼠标移到手柄处会出现一个旋转鼠标指示符，按住鼠标左键就可以将对象旋转到你想要设定的角度。

可别小看了旋转，用它我们可以把一些简单形状变化出更多的样式。

泪滴形旋转变成项目符号

旋转梯形变成角标

4.7　快速排版之组合

有的时候，我们需要把一组对象组合起来再进行各种操作，效率会更高。

框选指鼠标按住左键从一组对象的
一侧移到另一侧将其全部选中

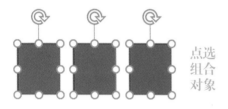

点选指按住Ctrl或Shift键逐个选中对象

如果多个对象成阵列分布，或者为了整体移动更方便，那么应该先考虑把对象组合。用框选拖动选中多个对象，或者按住Ctrl或Shift键点选多个对象，然后在"排列"菜单中选择"组合对象"，就可以让分散的对象成为一个整体。

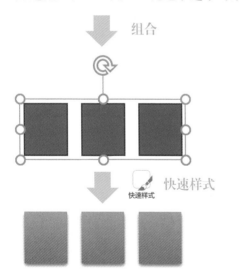

一旦多个分散的对象成为一个整体，就可以进行整体移动、复制、粘贴、批量增加各种特效等操作。

如左图，组合后的对象选择"快速样式"，对象形状马上批量更改。

组合另外一个好处就是可以把一些简单的形状组合成符合的形状，例如：

本来是三段线　　组合后　　变成一段线

使用组合的隐藏优势

除了前面那些显而易见的优点以外，使用"组合"还有一个隐藏优势，那就是可以在缩放时维持多个对象之间的相对位置关系不变，这对于形状绘制非常有利。

例如，我们通过形状绘制了一只可爱的熊本熊，绘制的时候尺寸定得比较小，绘制完毕之后想要将其放大。如果不预先加以组合的话，每个形状会以自己的坐标位置为参照进行放大，效果惨不忍睹：

而只要我们事先将所有形状编为一组，再进行放大，各个形状之间的相对位置得到保持，也就不会出现上面这种情况了。

不过也要提醒大家，组合后整体缩放保证相对位置和大小不变这一招适合于形状、图片，却不适合文字。因为文字的大小只由字号所决定，是无法通过缩放来调节的。遇到有文字混合在形状里面的情况，需要调整形状之后再单独调节文字的字号大小和位置进行匹配，最终达到统一。

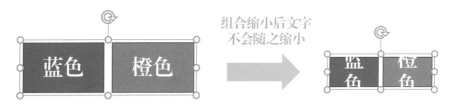

4.8　快速排版之层次

在PPT中，后生成的对象默认显示在先生成的对象上面，如果对象不是透明的，那么在两个对象重叠时，后出现的对象会挡住先生成的对象，如果我们希望被挡住的对象被优先选中，就需要使它置于顶层。

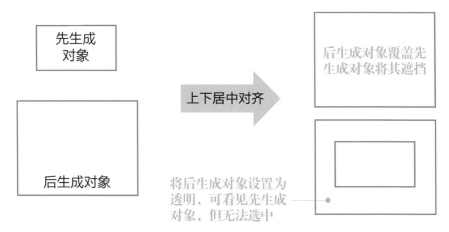

先生成的对象会被后生成对象盖住，即使把后生成对象设置无填充色或增加透明度后可以看见先生成对象，但直接鼠标单击选择，却只能选中最上层的对象，也就是后生成的对象，如果想选择下面的对象，可以对上层对象使用**"置于底层"**的操作。

把后生成对象"置于底层"后，被遮挡的对象就可以显示在上方。反过来也可以把下面的对象"置于顶层"。如果有多个对象相互遮挡，那么可以通过"上移一层"或"下移一层"逐层微调相互位置关系。

利用层次关系和颜色遮挡，我们也可以实现用简单的形状画出更具表现力的形状。

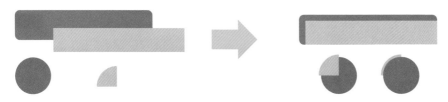

4.9　快速排版之格式刷

当你从其他地方借来一段话，借用一张图片，或者借鉴一个好图示，复制过来后发现与自己当前PPT的风格格格不入。怎么办？难道要一个个去调？有些格式恐怕不是那么容易统一的。要快速统一格式，最好的办法是——用**"格式刷"**，我刷、我刷、我刷刷刷！

格式刷，可以帮助你简单、迅速地把格式从一个对象完全地复制到另一个对象中。

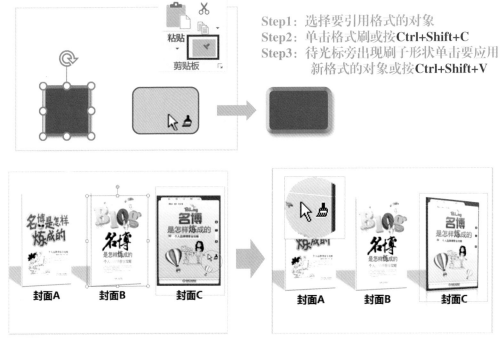

Step1：选择要引用格式的对象
Step2：单击格式刷或按**Ctrl+Shift+C**
Step3：待光标旁出现刷子形状单击要应用
新格式的对象或按**Ctrl+Shift+V**

可以在同一页面刷格式

**可以在不同页面之间刷格式，
双击格式刷按钮则可将格式连续刷给一系列对象**

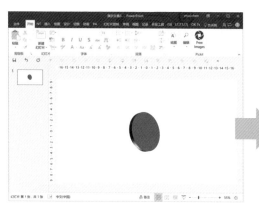 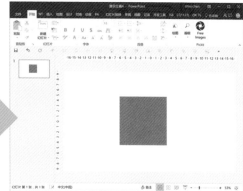

可以在不同文件之间刷格式

下面这些对象之间不能相互刷格式：

只能在同一种类型的对象中使用格式刷，如用字体的格式刷字体；用形状的格式刷形状。

组合形状直接使用格式刷会导致全部格式化，建议取消组合后再逐一使用格式刷。

4.10　快速排版之动画刷

从2013版开始，PowerPoint在"动画"菜单中提供了"**动画刷**"功能。设置好一个对象的动画后，对其使用"动画刷"，然后就可以把它的动画设置复制刷给其他对象。

和格式刷一样，动画刷也支持在一个页面内不同对象之间相互刷，不同页面对象之间相互刷，不同文件之间对象相互刷。

今后你再看到不会的动画，只需要轻轻一刷，别人的动画就被你复制过来了。

实例 32　用动画刷快速完成 5 秒倒计时动画制作

Step1
画一个圆形，写好数字5
设置动画"淡出进入"和"淡出退出"，时间设置为【从上一项之后开始】

Step2
再画四个一样的圆形，写好数字

Step3
选择对象5，双击动画刷
把动画依次刷给对象4、3、2、1
然后按Esc键取消动画刷

Step4
选中全部对象，左右上下对齐
按播放就可以得到倒计时动画
如果时间长度不合适微调延迟

按F5键播放幻灯片，这些图案将从5到1逐步倒计时出现。

4.11　快速排版之标准形状绘制

在PPT制作过程中经常需要画线，并且调整线长。如果是用鼠标拖动画线，则经常会出现线条略微有一点点没有画平直的问题，如果按住**Shift**键画线就不存在这个苦恼了。画线时按住Shift键，左右拉就得到水平线，上下拉就得到垂线，斜向拉就得到45°线。

用鼠标拖出来的线条有时不平直　　　　　　　　**按住Shift键画出的线**

不仅仅如此，在PPT中绘制其他图形时按住Shift键，可以得到正多边形，而不是用鼠标拖出来的随意形状，如下图所示。

如果按住Shift键绘制，就能得到规则的多边形，如下图所示。

如果你绘制出一个满意的图形，想继续复制更多的形状，可以按**F4键**，F4键的含义是重复上一次操作，利用F4键我们可以快速画出一样的图形，如下图所示。

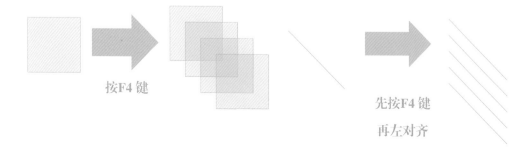

按F4键　　　　　　　　　　　　　　　　　先按F4键

再左对齐

4.12　快速排版之形状微调

如果你对绘制的图形形状的大小或角度不满意，想微调长度、宽度或角度，用鼠标操作往往很难精确调整出你想要的效果。要达到更高精度的控制，可以用形状或线条的"大小"和"位置"菜单设置。

当然，你也可以按住"Ctrl+箭头"符号移动，也可以实现快速微调。

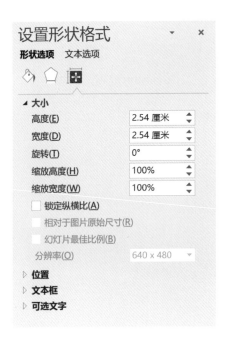

在"设置形状格式"菜单中，可以利用键盘直接输入线条的高度或宽度。

利用"设置形状格式"可让形状的尺寸精度达到0.01cm，远远超过鼠标拖动能达到的精度。

旋转可以设置对象的角度，手工输入可以得到任意角度的旋转对象，如下图示意。

同样，进入"位置"菜单可以精确设置对象在PPT页面上的*x*和*y*轴方向的坐标。

PPT中对象角度变化最小值为1°，但使用OneKey Tools插件可突破这一限制，实现更微小的变化

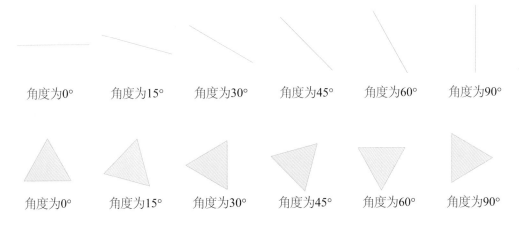

角度为0°　　角度为15°　　角度为30°　　角度为45°　　角度为60°　　角度为90°

角度为0°　　角度为15°　　角度为30°　　角度为45°　　角度为60°　　角度为90°

4.13　快速排版之整体浏览

　　单页的幻灯片通常是普通视图状态，如果做了好几页幻灯片，想整体浏览，可以切换到
"视图"菜单里面的**"幻灯片浏览"**状态。

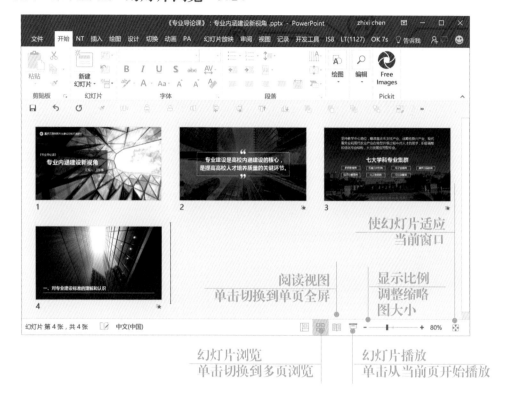

　　PowerPoint 2013之后的版本提供了另外一种分节的视图浏览模式，在浏览视图可以增加
或删除节，把幻灯片按章节折叠或展开，当PPT页数较多时会很方便。

4.14 哪里能找到那些隐藏的命令

PowerPoint里有很多可能对你有用的操作，如在数学计算中常用到的"合并字符"功能，这些功能在标准菜单里是找不到的，要到**"自定义功能区"**里的"不在功能区中的命令"菜单里面去设置。

另外有几个比较好用或有趣的隐藏功能：

- 朗读
  选中一段文字，PowerPoint可以帮你朗读出来。
- 挑选样式和应用样式
  跟格式刷功能相同，但是也有不一样的地方。这两个滴管的功能相当于热键"Ctrl+Shift+C"复制格式和"Ctrl+Shift+V"粘贴格式的功能。
- 上下标
  对于需要输入公式的朋友有帮助。

打造个性化的工具栏

虽然我们可以把一些隐藏的命令调出，放置到新建的选项卡和功能组里，但是一些使用频率特别高的命令，分别分散在不同的选项卡中，甚至还深藏在下拉菜单的二级菜单里，使用时来回跳转、打开下拉菜单、等待弹出二级菜单，十分费时。

特别是下拉菜单中的命令，每次单击使用后，菜单都会自动收起，再次使用还要再打开一次，这对我们制作PPT的效率造成了极大的影响。

此时，就可以利用神奇的**"快速访问工具栏"**了。

首先，单击PowerPoint窗口左上角快速访问工具栏最右侧的下拉菜单小三角，选择"在功能区下方显示"。

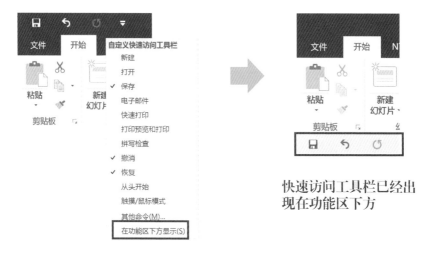

接下来，根据自己的习惯和需要，右键挨个单击功能区里你经常需要使用的命令，选择"添加到快速访问工具栏"，就可以打造出个性化的工具栏了。这个工具栏不管你处于哪个选项卡都不会随之改变，随时随地可以访问，效率一下子就能提升一大截！

4.15 一分钟搞定目录设计

想做有创意的封面并不难。如果你厌倦了四平八稳的目录，想来点新鲜的，不妨试试让色彩或斜平行四边形来打破常规。"教你一分钟搞定目录设计"，希望这个案例能给你更多的启发。

我们将使用分布、对齐、组合这几项基本操作。

实例 33 **教你一分钟搞定目录设计**

Step1
将背景填充颜色

Step2
插入平行四边形

Step3
按住Shift键，画直线
插入文本框输入文字

组合

Step4
将线条与文本框
组合后复制粘贴3次

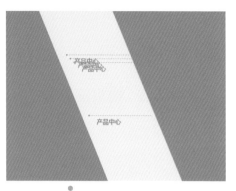 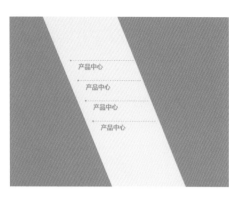

Step5
首尾定位，第一行菜单项与最后一行菜单项定位，然后
分别使用"横向分布"与"纵向分布"将菜单项排列好

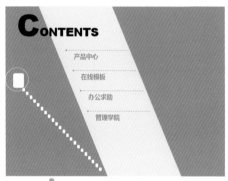

组合(G)　▶

复制足够多的矩形后，将白色矩形全部选
定，选择"底端对齐"。白色矩形将参照最
底部的一个白色矩形的底边对齐。这时再使
用右键菜单里面的"组合"功能将所有白色
矩形组合到一起，移动到合适的位置上。

Step6
插入文本框，将首字母放大。为了平衡版面，可在右下方插入形状
插入白色矩形，复制，并使用F4键快速复制N次

Step7
插入人物剪影，对版面对象进行微调
一分钟搞定

4.16 三分钟搞定组织结构图

给你三分钟时间，你能画完这种组织结构图吗？

绘制类似结构图时你是否也遭遇过**直线不直、元素对不齐、线头松头漏缝**的情况？这种遗憾只要采取正确的作图方法和步骤就能避免。

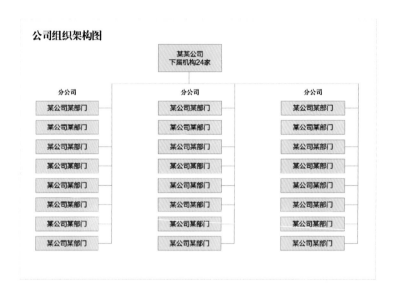

实例 34 教你三分钟搞定公司组织架构图

画矩形，按住Shift键画直线。将直线置于底层，选择上下居中对齐，微调伸出一段距离。

Step1
画带线条的矩形框

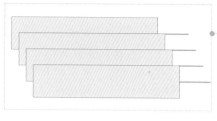

Step2
组合对象快速复制

将矩形与直线组合，对组合对象复制。你只要使用一次Ctrl+D，然后不断按F4 键，就可以很快地完成复制。

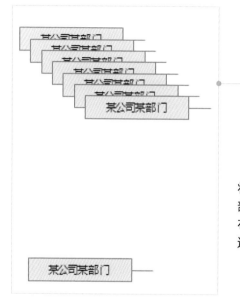

Step3
分布

将组合对象拖到底部，确定"纵向分布"的底端位置，选中所有对象，先"左对齐"，再"纵向分布"。

Step4
画竖线

将全部对象组合为一体，在组合的左侧按住Shift键随意画一条竖线。选定竖线与组合，选择"右对齐"，竖线将与横线完美地对接在一起。在"格式"菜单中微调线条长短。

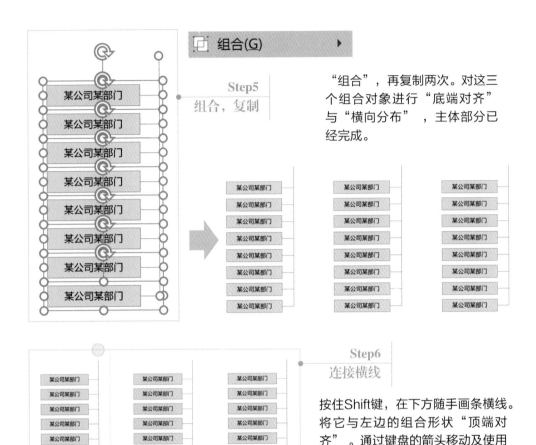

组合(G) ▶

Step5
组合，复制

"组合"，再复制两次。对这三个组合对象进行"底端对齐"与"横向分布"，主体部分已经完成。

Step6
连接横线

按住Shift键，在下方随手画条横线。将它与左边的组合形状"顶端对齐"。通过键盘的箭头移动及使用格式菜单让这条横线精准地与最左边的竖线对齐。同样，通过格式菜单用数字设置线条的长度。

4.17　十分钟搞定复杂甘特图

给你十分钟，你能画完这种复杂甘特图吗?

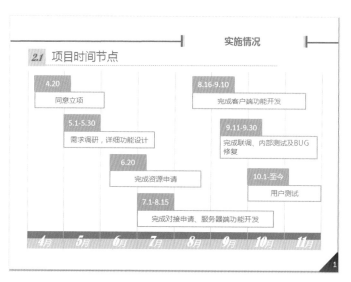

和秋叶一起学PPT

怎样设计

CHAPTER 5

页面更好看

- 下载了很多模板，PPT 还是很难看？
- 增加了很多动画，PPT 还是很业余？
- 想知道别人的漂亮设计都是怎样弄出来的？

这一章，告诉你美化 PPT 的绝招！

5.1 依赖模板是提升 PPT 水平的大敌

大家心里都明白，在职场中，被贴上"PPT高手"的标签，很可能是一场"悲剧"。真正值得努力的方向应该是：做一个PPT做得很好的业务高手。

谈到业务，对绝大部分普通人而言，他们一般不觉得自己的PPT内容有什么问题，问题只是不够美观，或者自己把PPT做得"好看"花费的时间太长。换句话说，普通人关心的问题不是成为PPT高手，而是如何又快又好做完PPT交差。

这里面当然有很多误会，比方说他们以为自己PPT的业务内容组织得还可以，实际上不是——本书不负责解决这些方面的疑惑；还有很多人在请教高手时最爱问两个问题：

"我的PPT版本低你帮我做一下呗？"   "你有没有好的模板给我借鉴一下？"

手艺差就埋怨工具烂，没头脑就责怪模板少，这绝不仅仅是做PPT的问题。普通人要又快又好做出PPT的最大挑战恰恰是：**甩掉模板，启动大脑。**

普通人的设计往往是先做选择题（搜索模板），再做填空题（把内容填充到模板），最后留给听众的是思考题。而高手则会利用设计的力量，在设计阶段就考略到内容与形式的最佳匹配方式，选择恰到好处的方式去表达内容，降低听众理解材料的难度，从而加快PPT沟通的效率。

步骤	普通人做PPT	高手做PPT
第一步	选择题 请问哪里有模板可以用？	思考题 用什么形式表达最符合主题？
第二步	填空题 能不能刚好把材料塞进去？	思考题 现有的材料是不是符合形式？
第三步	（对听众）思考题 刚刚讲的大家都听懂了吗？	（对听众）选择题或判断题 大家认为哪个方案更合理？

普通人之所以难以掌握设计的力量，一个很重要的原因就是大家都习惯利用整合好的模板，从而失去了亲自动手理解设计元素的过程。

所谓的**设计元素**就是最简单的：文字、线条、形状、表格、图片等基础排版元素。

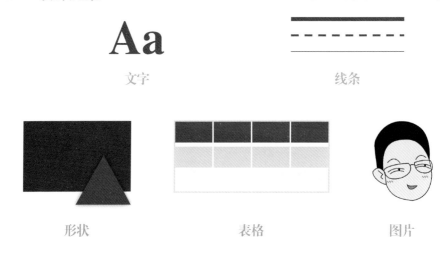

文字　　　　　　　　　　　　　线条

形状　　　　　　　　表格　　　　　　　　图片

如果一样东西你从来没有思考过，那么你就很难自如利用它。我常常讲，学习的时候，**慢比快快**。很多人很难理解这个道理——难道不是用模板更快吗？

单单就某一次设计任务而言，利用现成的模板的确效率更高，但是从较长远的职业规划来看，如果过度依赖模板，你就很难做出有创造性的工作，而且一旦有需要突破的创造性工作，你制作PPT的时间并不会因为使用模板而变得更短，除非你肯以牺牲质量为代价。现实中那些拙劣的PPT设计恰恰证明"模板控"们不是不想做好，他们是没有能力，或者急于求成，不肯多花时间。

寒号鸟的故事大家都应该听过，每次只有在夜里刺骨寒风中冻得瑟瑟发抖时，寒号鸟才会哆哆嗦嗦地唱到："寒风冻死我，明天就垒窝……"可是一旦黎明来临，天空放晴，它又忘记了夜里的痛苦，不肯花费时间和功夫去搭建一个可以御寒的鸟巢，最终冻死在夜里。很多人就像寒号鸟一样，把做PPT当成任务，领导不下达命令就绝不会打开PowerPoint练习，而每次命令来了，又自知水平不过关，只能借助模板来撑一下脸面，还往往连套模板都套不好。看着那些拙劣的效果，他们也会默默念到："明天我一定要开始好好学习PPT！"，可等到任务一交差，他们转眼就忘记了当时的誓言。

其实，做好PPT并不难，只要我们能够稍微多花费一点时间学习真正基础的内容，加以练习，我们完全可以做到在很短的时间内设计出高质量的PPT，这不是神话。

这一章的文字，就是希望带领各位领略幻灯片中常用设计元素的作用，这些元素是如何帮助我们设计出漂亮又有可读性的PPT的。

5.2　PPT 中的文字

▎PPT 中文字的最大作用是什么？

在谈文字美化之前，有一个基本的问题得请大家思考：

为什么PPT中要堆积那么多文字？少用字，多用图是不是一定正确？

下面有两张PPT，你更喜欢哪一张？如果你来做演讲，你选择哪一张？

一般的回答是：喜欢下面那张，但如果自己讲的话，还是会选择用上面的发言。

这个矛盾恰恰说明一个事实：我们之所以那么喜欢PPT，就是因为PPT能够做我们的提词稿，来帮我们掩饰对业务材料并不那么熟悉的真相。羡慕第二张PPT设计的人，大都选择了第一张做演讲。

文字密密麻麻的PPT

当你看到无数幻灯片高手建议你多用图，少用字的时候，当你羡慕他们手握遥控器侃侃而谈的时候，请记住：选择第二张做演讲的人，他不会告诉你，他曾经一个字一个字地，默默写出过每页演讲稿上的每句话。

在设计幻灯片之前，不要忘记PPT最原始的作用：

提词稿!

在工作中，美不是第一位的目标，完成业务目标才是。没有PPT的帮助也能脱稿演讲的人很少，而且这样的演讲达人不需要PPT也能讲得很好。

秋叶老师的观点是：幻灯片的好坏不应该脱离演讲者的业务能力来评价。

互联网上流行的全图型PPT

假如你是一位职场新手，刚刚到公司工作就需要做一次演示，虽然选择文字密密麻麻的PPT会丢分，但至少可以保证你的演讲不会出错。如果你在这个职位上已经工作了3~5年，依然用这样没有可读性的PPT，那只能说明你这几年的进步不够快。

我有一个测试演讲者业务能力的简单方法：拔电源。也就是说在演示过程中，突然让幻灯片处于黑屏状态（按B键即可），然后请他继续演讲，如果他依然能够完成演示，说明这个人业务能力很棒。当然你知道，大部分人只要PPT一黑屏，他大脑就蓝屏。

幸好我们的书，是为那些演讲能力不出色，业务能力也不拔尖的人准备的，我们告诉你，的确有办法做到兼顾。

PPT 中文字密密麻麻不是问题

下面有两页PPT，请各位判断——你会看PPT上的文字吗？

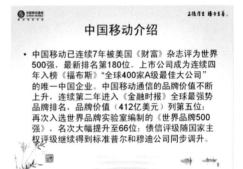

这种PPT大部分朋友会扫一眼就失去阅读的欲望，也就是说，这两页PPT除了帮助演讲者提词外，对听众的帮助不大。

但是如果你真的相信：**一页PPT最好不超过七行！**

那你就惨了！

这两页PPT上的材料没有多少人会选择记住，但是万一在演讲中需要介绍一下的话，没有这些文字帮忙，真的记不住。

请记住：在工作中，PPT里面需要写下不止七行的文字才是常态！

文字密密麻麻不是问题，让听众看不到重点才是问题！

中国移动公司介绍

唯一：专注于移动通信运营本土运营商
· 成立2000年4月20日
· 注册资本为518亿元
· 资产规模超7000亿元
· 全资拥有中国移动（香港）集团有限公司
· 控股中国移动在国内31个全的省级子公司
· 同时在香港和纽约上市

第一：拥有全球最大的网络和客户规模
· 连续7年被评为《财富》世界500强，最新排名第180位
· 入选世界品牌实验室《世界品牌500强》，名次大幅提升至66位
· 唯一连续四年入榜《福克斯》全球400家A级最佳大公司中国企业
· 连续两年进入《金融时报》全球最强势品牌，价值412亿美元（第5名）
· 标准普尔和穆迪公司同步调升债信评级
· 北京2008奥运会合作伙伴，上海2010世博会合作伙伴

大段的文字需要提炼出醒目的标题

不重要的文字用灰色弱化，做反向强调

一句话一行，一行一个意思，更容易阅读

小字不是为听众服务的，是为演讲者服务

别让修饰成为重点，文字才是！

很多PPT和下面的一样，用了色彩鲜艳的模板，用了很多辅助性的小图，看似内容充实丰富，但听众们看到这样的PPT时还能注意到重点文字吗？

有的幻灯片看起来很美，但是看不见文字。在工作中核心观点的表达往往需要借助文字，美化的目的应该是使要强调的文字更突出，而不是分散听众对文字内容的注意力。

与其用各种方法美化文字，不如用简简单单的方法强调重点文字，比如改变重点内容的大小，比如改变文字前景色和背景色的对比度，这些手段都可以起到强调作用。

另一个文字美化的误区就是信息量过载。本页案例同时采用"图解+照片+文字比方"进行表达，结果是这些信息都挤在一页PPT上，造成页面元素多，信息量过载。这种密不透风的PPT设计会因为堆积元素导致听众看不到重点信息。

所以我们应改成简单的列表排版，删除不必要的元素，保证重点突出。这样设计实际上的沟通效果会更好。

请记住：别让修饰手段成为PPT的焦点，而不是观点！

表达观点的载体往往是文字！

大数据时代流行图解数据，但在工作中，大部分PPT的观点传递要通过文字。

表达观点的最佳载体往往还是文字。不仅是因为成本低，最重要的是，不容易引起误解。

假如没有文字，你能告诉我这张图片的小女孩想说什么吗？

干净背景的大图往往具有很强的视觉冲击力，但问题是全图型PPT也很容易被滥用。图片太醒目反而容易让人忽略文字。

不同的人对图片内容联想差别太大，下面的这张图片就非常说明问题，如果没有文字，你能告诉我这张图片中的男孩是什么状况吗？

这是一张2010年泰国海啸后一个青年回到家园，浸泡在漂满了房屋残骸的水中的照片，他只有头部浮在水面上。如果不告诉大家这个背景，你们有多少人能想到这一点呢？秋叶老师第一眼看到这幅照片的联想是：一个将要被活埋的平民。

一旦图片带来的联想和演示者预期不同，演示者就不得不花费更多的时间来收拢听众的注意力，这样的幻灯片未必就能够帮助大家更好地理解演讲内容。

下面的章节，我将告诉各位：修饰文字的最佳武器就是文字自己。

普通人总是期望通过模板美化，而忘了利用文字自己来美化。

文案上提炼，排版上突出——好PPT就这么简单。

文字美化——字体

文字自己就可以美化自己。仅仅是更换字体，就能让PPT大不一样。我们在第1章"别忽略PPT中的字体！"及"PPT用哪些中文字体好"两节内容中就已经领略过不同字体给视觉感受带来的巨大差异，现在我们再来看一个极端的例子：

如何把网易云课堂《和秋叶一起学PPT》在线课程 卖到**10万用户？**	**如何把网易云课堂《和秋叶一起学PPT》在线课程 卖到10万用户？**
字体：宋体	**字体：方正兰亭特黑简体**

白色背景黑色文字，没有任何其他元素，左边一页还好像是草稿，而右边这一页已经能给人以极简流海报作品的感觉。稍加润色，就可以做出一页不错的封面来。

如果你正在使用Office 2013以上的PowerPoint版本，默认的"等线"字体就不错，如果是低版本的PowerPoint，"微软雅黑"也是个百搭的选择。

如果是做各级标题，建议选28号以上加粗加阴影，效果更好。如果做正文文字，建议用16、18、20号字体，不需要加粗。

从设计的角度，"微软雅黑"绝对不是最漂亮的字体，但是它的兼容性最好，对PPT而言，一个好字体的兼容性含义是：免安装，支持常用汉字多，投影效果好。

在不同的场合选用不同的字体，会大大提高幻灯片的表现力。

文字美化——颜色

不同的颜色，传递不同的含义。

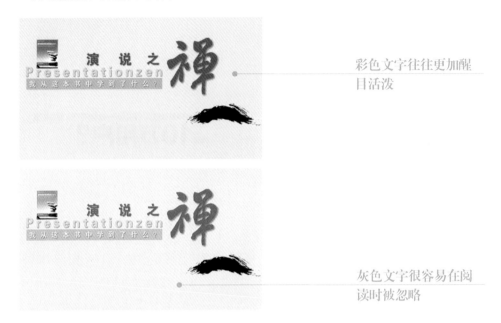

彩色文字往往更加醒目活泼

灰色文字很容易在阅读时被忽略

在PPT中文字的色彩有5种常见的美化方式。一般冷色调更让人觉得沉稳，暖色调更加醒目，灰色能够起到降噪作用，渐变色可以丰富文字的层次感，黑白色是万能搭配。

黑白　　暖色　　冷色　　渐变　　灰色

灰色是普通人最容易忽略的文字配色，利用灰色可以弱化不重要的内容起到反衬重点内容的作用，把注意力集中到用其他颜色对比强调的内容上。像下面的案例，左边只看到修饰的颜色，而右边经过颜色强调的文字才看得见。

文字美化——字号

改变文字的大小，可以突出重要的文字，甚至影响你对文字的判断。比如下面两段话，你确定你看过去会接收到同样的信息吗？

软件复用和软件构件技术作为未来软件开发的发展方向，将会引起软件产业的深刻变革，软件设计生产工厂化和软件工程项目外包将成为软件产业发展的必然趋势。

软件复用和软件构件技术作为未来软件开发的发展方向，将会引起软件产业的深刻变革，**软件设计生产工厂化**和软件工程项目外包将成为软件产业发展的必然趋势。

大家有没有注意到，上面的两段话通过改变文字字号大小，改变配色对比，突出了不同的关键词，从而让整段文字的侧重点发生了明显的改变？

如果要通过字号变化突出重点内容，一般被强调的文字字号至少要加大4号，这样效果会更好。

综合文字字体、字号大小和颜色
进行对比式文案设计，可以让
PPT中的文字更富于表现力

方正宋一简体	9.5	A̲ A̲	**PowerPoint中的字号调整对话框操作说明**

（1）选择文字后，单击放大或缩小字号按钮，文字字号可以快速放大或缩小。放大或缩小按照下拉菜单默认的选项值依次变化。

（2）也可以按快捷键"Ctrl+Shift+>"放大字号，或按快捷键"Ctrl+Shift+<"缩小字号。

（3）如果需要设置默认的选项值范围以外的字号，比如"256磅"字号，请选中需要调整的文字后，直接在字号对话框中输入数值并回车确认。

（4）PowerPoint中支持的最小字号为"1磅"，即便是用电脑阅读，建议在PPT上最小的字号也不要小于"10磅"。

文字美化——方向

　　通常状态下看PPT的文字我们习惯从左到右横着看，其实试试把文字竖着写、斜着写、十字交叉写、错位写，甚至把文字组成一堵"文字墙"，会让文字别具魅力。

一般的PPT中文字采用**左右横置**，优点是符合阅读习惯，缺点是容易造成阅读疲惫。

解决方法是：

（1）让标题和正文字体排版有变化；

（2）改变不同段落之间的距离，大段落之间间距要明显大于小段落之间间距；

（3）尽量采取一句话一行排版，不写成一段话。

汉字是方块字，所以可以**竖置排列**，竖置排列和我们传统习惯相符。在演绎唐诗宋词古文等题材时，采用竖置排列特别有文化感。

如果你想表达文化感，不妨试试：

（1）竖式阅读是从上到下，从右往左看；

（2）一般加上竖式线条修饰更有助保持阅读方向。

无论是中文还是英文，都可以**斜向排列**文字，斜向排列的字体往往打破了大家默认读的视野，有很强的冲击力。

（1）如用斜向，文字的内容不宜太多，突出大字即可。

（2）斜向文字往往需要配图美化，配图的一个技巧是使图片的角度和文字呈90°角，让大家顺着图片把注意力集中到斜向文字上。

普通人往往忽略一些简单的文字排版思维，导致PPT呈现文字时千篇一律，从而缺乏了帮助听众摆脱定势思维的力量。

其实文字除了简单的横向、竖向、斜向，还可以有更多的排版变化，这一页案例在常规文字排版方向的基础上增加一些富有动感的呈现方式。

十字交叉型排列文字在PPT设计中不多，但是在海报设计中是一种常见的形式。

十字交叉处是天然抓眼球焦点的位置，如果用这种方式组织文字就得考虑你要突出的关键词能被十字交叉吗？

错位排版也是一种常常看到的表达方案，这种排版法借鉴了视频网站的评论弹幕文字效果，很招年轻人喜欢。

错位排版往往结合字体大小、字体颜色、字体类型的变化，可以制作出很多有趣的效果。

如果你的PPT有很多关键词，可以尝试这种排版，有时候给关键词再加上一个外框，会让排版有更多变化。

广义的文字方向不仅仅包括文字的角度，也包括调整文字行列之间的距离。

左图的幻灯片就充分利用了改变文本框中文字和段落的距离，手工制造列宽，加上文字大小和颜色的变化，模仿出曾经热门一时的"凡客体"。

文字美化——缺角文字制作

通常在PPT里面我们看到的文字都是横置或竖置，比如这种：

但如果排出下面这种斜向裁剪风格的文字，放在PPT里配合一定的图案，感觉会更酷吧?

那么这样的斜向裁剪的缺角文字是如何制造出来的呢? 下面我们来看一个完整案例。

实例 35　四种方法制作缺角文字

图片旋转裁剪法

思路：利用图片可被裁剪的特点，先将文字变为图片再进行处理。

Step1
使用文本框工具输入文本

Step2
将文本框旋转到合适角度

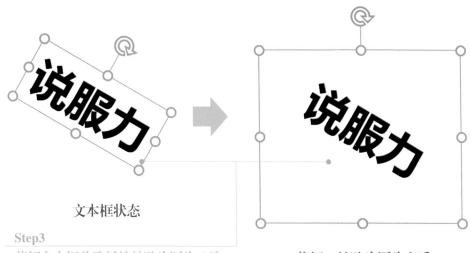

文本框状态

Step3
剪切文本框并选择性粘贴为图片（选择性粘贴的知识参见"从Word复制文字时保留或清除格式"）

剪切、粘贴为图片之后

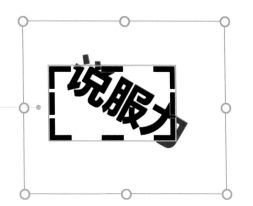

Step4
选中图片，进入"图片工具–格式"选项卡，使用"裁剪"命令，拖动裁剪框对图片进行裁剪

原来如此啊！

Step5
退出裁剪模式，大功告成

图片形状裁剪法

思路：利用图片可被裁剪为形状的特点，无须旋转直接裁字。

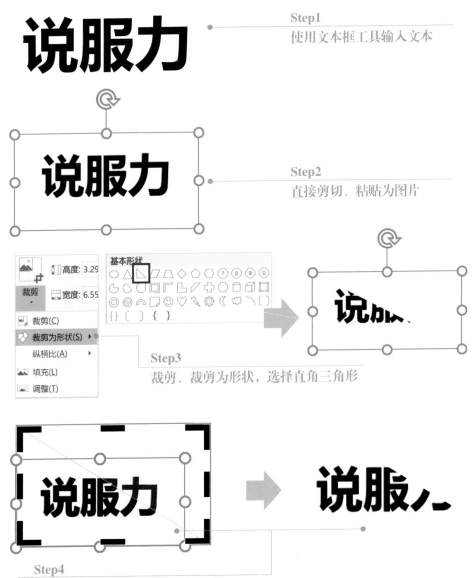

Step1
使用文本框工具输入文本

Step2
直接剪切、粘贴为图片

Step3
裁剪、裁剪为形状，选择直角三角形

Step4
进入自由裁剪模式，拉大裁剪框，观察直角三角形的形状进行裁剪，合适时按
Esc键或单击页面退出裁剪模式，就能得到满意的裁剪效果

形状遮挡法

思路：对于文字与页面背景之间无其他元素阻隔的情况，学会化繁为简。看完你会发现，原来往往自己缺的不是什么高超的技术，只是灵活的思路。

Step1
使用文本框工具输入文本

Step2
使用矩形工具绘制矩形

Step3
移动旋转矩形，摆放到合适位置

Step4
将矩形设置为"幻灯片背景填充"无边框，最后组合矩形和文字

不同遮挡方案及旋转角度会带来不同的效果：

别问高手用什么软件——我们不过是把最简单的功能用到极致而已！

合并形状法

思路：使用"合并形状"功能直接裁剪，PowerPoint 2013版本以上专属最简单快捷的方法。

Step1
使用文本框工具输入文本

Step2
使用矩形工具绘制矩形

Step3
移动旋转矩形，摆放到合适位置

Step4
选中文字，按住Ctrl键，再选中矩形，然后进入"绘图工具-格式"选项卡，在工具栏最左侧单击"合并形状-剪除"，大功告成

文字美化——文字云制作

下面这样的文字云是不是很有趣？你是否经常在一些大数据相关的海报、长微博、文章配图中看到？利用PPT也可以制作这类文字云海报！

援引自@Simon_阿文 的文字云教程

援引自@Jesse 老师的文字云教程

实例 36　简单方法制作文字云效果

为了让大家更快速掌握制作文字云的方法，秋叶老师先教大家一种简便的文字云效果制作方法，虽然效果比不上上面两个案例，但胜在方便好学。

不过呢，这种方法要求你的PowerPoint版本至少要在2013版以上才行，而且仅支持英文段落转文字云。另外，因为访问资源位于微软官方服务器，以下步骤实行起来可能会较大程度上受到你的网络状况的影响。

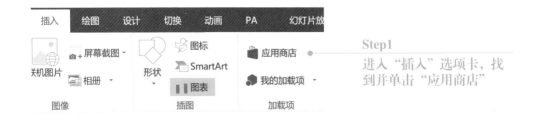

Step1

进入"插入"选项卡，找到并单击"应用商店"

Step2
在弹出的窗口左侧输入
"Word Cloud", 回车搜
索

Step3
单击"添加"下载应用。
下载后应用会自动于右侧
打开。下次还需使用单击
"我的加载项"即可找到

单击右侧小三角箭头可下拉
查看最近使用的5项应用

Step4
设置文字云的各项参数

选择文字云字体

选择文字云配色方案

选择文字布局风格

文字大小写风格

设定文字云整体规格

生成文字云按钮

在右侧打开的应用界面内, 我
们可以选择文字云的字体、整
体配色方案、布局风格(横排还
是竖排还是随意)、文字大小写
风格(全大写/全小写/首字母大
写)、文字云整体规格等。

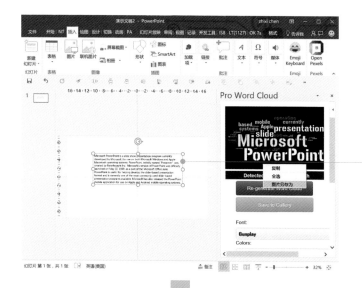

Step5
在PPT页面内选中一段英文段落，单击生成按钮，稍等片刻就会在应用顶部生成文字云图片，右键单击即可将其复制或另存了。如果不满意可单击下方蓝色按钮刷新随机方案

Pro Word Cloud 应用
自动生成的文字云作品

　　看，文字云的制作并非是你想象的那样靠手排列文本框完成的吧？

　　如果你对文字云的制作特别感兴趣，想要制作本节开头@Simon_阿文 和@Jesse 老师的作品那样支持中文文字、可定制文字字体、云图案外形的文字云，可以到他们的微博去搜索"**文字云**"查看相关教程，他们制作的文字云作品都是使用专门的文字云制作工具Tagul制作而成的。

　　最后秋叶老师再给大家剧透一点：除了文字云工具以外，"插入-应用程序"中还罗列了各式各样功能逆天的应用，特别是对图表制作相当有帮助。如果你想要学习这方面知识的话，赶紧去"网易云课堂"搜索《**和阿文一起学信息图表**》课程吧！

文字美化——标点

标点符号是文字的标配，是从属的角色。但是有时候，标点符号也可以成为强化文字的武器。在PPT中常常会用到这样几种方式用标点符号美化文字。

放大标点，一直放大到视觉上不可忽略。这个时候标点符号可以起到强调内容、吸引视线焦点的作用。

名人名言类的PPT很适合用这种方式排版。

小技巧：制作如左图的引号，常用字体可选"方正大黑简体"或"汉广真标"等。

有时候只是想强调一下段落起止或标题，也可以采用"【 】"或"『 』"这样的符号。如上图两个案例。

如左图的排版，标点不仅仅可以成为强调的手段，也可以成为内容的容器。

文字美化——艺术修饰

如果嫌文字太单调，那就学会美化它！

B *I* <u>U</u> **S** ~~abc~~ AV· Aa· ᵃᵇ· **A**·　　　　**这个菜单可完成文字的常规美化**

普通　　　　　**加粗**　　　　　*斜体*　　　　<u>划线</u>　　　　**阴影**

~~**删除**~~　　　　**很紧**　　　　**很 松**　　　　变色

　　一般文字美化菜单中常用的选项是加粗、颜色调整。对于大于24磅的字体，加上阴影效果，会增加文字的层次感。

　　除了常规的文字美化之外，选中文本框，进入"绘图工具-格式"选项卡，还可以对文字添加更多艺术美化的特效。

A 文本填充 ▾ • 文本填充：填充文字内部的颜色
A 文本轮廓 ▾ • 文本轮廓：填充文字外框的颜色
A 文本效果 ▾ • 文本效果：设置文字阴影等特效
艺术字样式：默认的艺术字特效

艺术字样式

　　综合使用文本填充、文本轮廓、文本效果（包括阴影、映像、发光、棱台、三维旋转等）功能，可以打造出各式各样的艺术文字来。

艺术字特效　　　　加粗+外阴影+映像特效

艺术字特效　　　　加粗+内阴影+单色背景（镂空字）

艺术字特效　　　　加粗+外轮廓黑色+内填充无色（线框字）

艺术字特效　　　　加粗+内填充红色+发光效果（发光字）

艺术字　　　　加粗+加大字号+棱台效果（凹凸字）

艺术字特效里面还有一种特殊的"**转换**"特效,可以制作出各种变形的字体。利用这种特效,再加上拉伸调整和换行操作,可以转换出非常有趣的文字效果。

"转换"位于"绘图工具–格式"选项卡
"文本效果"下拉菜单底部

艺术字特效　　加粗+转换特效

艺术字特效　　加粗+转换特效

艺术字特效　　加粗+转换特效

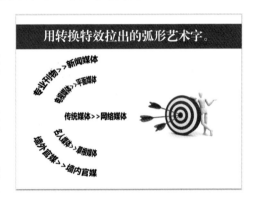

用转换特效拉出的弧形艺术字。

除了文字的"格式"菜单,选中文字,其右键菜单会出现"设置文字效果格式",也可以在右侧打开"设置形状格式"对话框,并自动进入"文本选项"设置界面。

文字阴影预设菜单里有内、外、透视三种效果可选。

利用文字的阴影菜单的透明度、大小、虚化、角度、距离等特效可以组合出很多效果

艺术字特效　　透明50%+大小100%+角度303° +距离28磅

艺术字特效　　透明46%+大小120%+虚化6磅+角度316° +距离52磅

艺术字特效　　透视效果+透明63%+大小100%+角度33° +距离41磅

文字美化——填充

　　除了给文字填充颜色以外，文字也可以当作一种特殊的图片填充容器，形成有趣的图片字效果，这些效果都可以通过 **"设置文字效果格式"** 菜单里面的填充效果设置。

　　像下面的特效，就是选择文字后填充图片获得的。

选择纹理填充可以得到的各种填充字效果：

　　编织袋纹理　　　　　　　　　画布纹理　　　　　　　　　木质纹理

选择图案填充可以得到的各种填充字效果：

　　斜线字图案　　　　　　　　　点阵字图案　　　　　　　　波浪字图案

配色后效果更酷

文字美化——化字为图

如果换一个思维，把文本框里的文字都复制并选择性粘贴为图片，把文字当图片处理，又可以得到很多文字的特效处理结果。

在"秋叶PPT"微信公众号的三分钟教程栏目里，就曾发布过很多类似特效文字的教程。

例如化字为图后进行"裁剪"的：

"三分钟教程" 035期《双色字效果》

教程作者：@有品无赖

化字为图后进行"艺术效果"处理的：

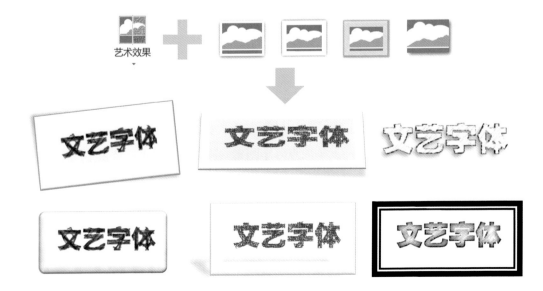

"三分钟教程" 207期《粉笔字效果》

教程作者：@柒柒pcc

又或者化字为图后混合使用"艺术效果"与"图片样式"：

文字美化——线条美化

　　文字和线条结合起来，会制造出动感或者美感。

更上一层楼　　欲穷千里目　　黄河入海流　　白日依山尽

竖线对齐

心中常怀那份

卓越的梦想

横线居中

"转换–左近右远" +旋转+下划线
（由三角形拉长绘制）

"转换–倒梯形" +
回车+线条强调

　　上面两个图的特效，你常常在杂志里看到吧？

　　其实在PPT里实现也很简单，就是把长线条调整粗细后顺着文字笔划延长，继续发散还能制造出更加有趣的效果。

　　当然这里的线条，用矩形形状绘制更方便。

文字美化——形状美化

在很多杂志中，我们不难注意到，文字一旦被各种形状包围起来，就会获得更具修饰感的效果，这样的美化思维也很值得我们借鉴到PPT设计中。

如下图案例所示，左边字体放在矩形框中，右边字体放在平行四边形中，都起到了很好的修饰效果。

类似的设计灵感无穷无尽，关键是要善于利用形状组合和颜色遮挡来制造一些特殊的效果，比如用下面的方式就很容易制造出"冲破束缚"的效果。

"飞"字实为白色

有了这样的思维，你可以轻易制造出多种文字形状组合的修饰效果，下图所示的案例，就留给各位思考如何制作。

表格+文字

线条组合+文字

线条组合+文字

形状+文字

形状组合+文字

特效形状+特效文字

文字美化——创意文字

所谓创意文字，就是围绕文字的字体特点，把文字图像化，为文字增加更多的想象力。下面列举的4个例子都很有代表性。

案例1：把数字和矩形结合，制造目录的托动感。

案例2：制造一种扭曲的文字艺术效果，在放大镜中看到"卓越"的背后。

案例3：把"飞"的两撇改成网球是非常符合网球运动员李娜职业的联想设计。

案例4：把"时"的一点改成时针，配合时钟图片，让人突然意识到时间流逝的压力。

创意文字的制作主要有两种办法：

像单飞和时间两幅作品，可以采用图案挡住文字的方法设计，也就是所谓的遮挡法；而有的设计会比较复杂，可能需要利用到Photoshop或Illustrator这样的软件制作好完整的文字效果图片，再插入PPT中。

不管怎样，对有创意的人而言，有了创意自然会想到方法去实现它。

实例 37 利用高版本 PowerPoint 快速制作创意文字

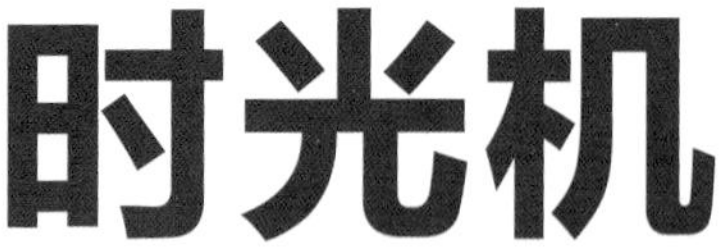

时光机

Step1
使用文本框工具输入文本

时光机

Step2
在一旁随意绘制一个形状

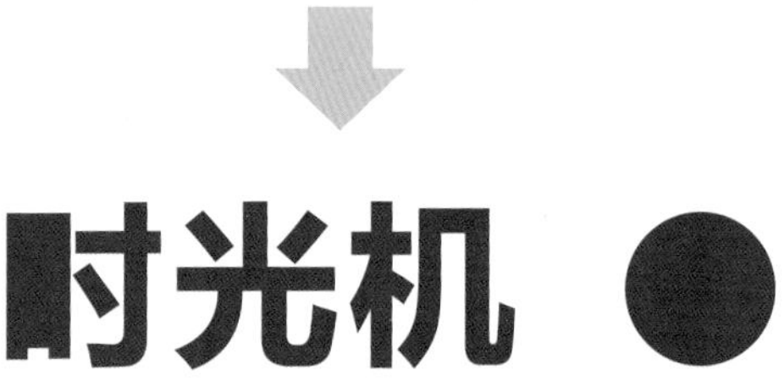

时光机①

②

插入形状

③

Step3
选中文本框，按住Ctrl键，再选中圆形，然后进入"绘图工具–格式"选项卡，在工具栏最左侧单击"合并形状–拆分"

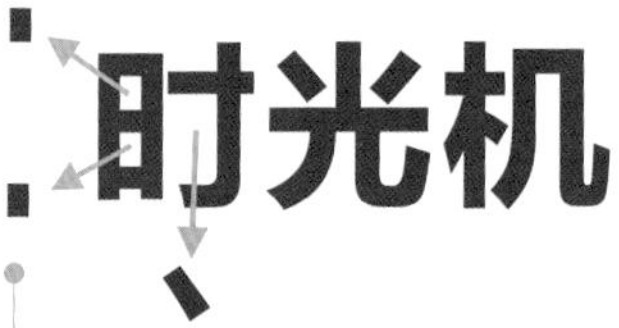

时光机 ●

时光机

🕐 ➡ # 时光机

Step4
拆分后的文字，凡是不相连的笔画及完全封闭的空间都变成了独立形状，移开或直接删除它们

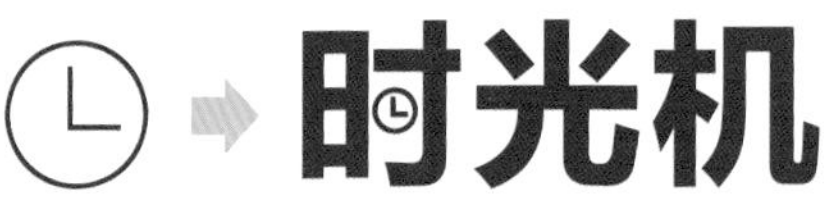

Step5
用椭圆和任意多边形绘制表盘，缩小后放入"时"字内

文字美化——综合案例

　　虽然前面我们学了那么多文字美化的方式方法，但秋叶老师提醒大家注意——千万不要在同一份PPT特别是同一页PPT里混合使用多种美化方法。对于大多数PPT来说，往往只需要对封面标题的文字做一些综合性的处理，而对于章节标题和正文的文字，选择一款合适的字体就已经足够了，切不可过分美化。

实例 38　制作《钢铁侠》海报标题文字

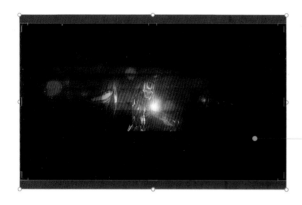

Step1
插入海报图片并裁剪为16：9比例

Step2
Ctrl+X剪切图片，设置页面背景格式为"图片或纹理填充-来自剪贴板"，将裁剪好的图片填充为背景

预设渐变(R)
类型(Y)   线性 ▼
方向(D)
角度(E)   225°
渐变光圈

Step3

使用 "Impact" 字体，输入文字 "IRONMAN"，字号为180磅，渐变设置如右图所示

R:	254	R:255	R:118
G:	74	G:254	G:31
B:	11	B:176	B:3

▲ 文本边框
○ 无线条(N)
● 实线(S)
○ 渐变线(G)
颜色(C)
透明度(T)   0%
宽度(W)   20 磅
复合类型(C)
短划线类型(D)
端点类型(A)   平面
联接类型(J)   棱台

Step4

复制一份，设置文本边框为深灰色实线，宽度为20磅，联接类型为"棱台"，设置完毕后右键置于底层

设置形状格式   ×
形状选项 **文本选项**
A A A

▲ 阴影
预设(P)
颜色(C)
透明度(T)   30%
大小(S)   100%
模糊(B)   2 磅
角度(A)   90°
距离(D)   4 磅

Step5

为原文字做一点阴影设置（见右图），然后将二者上下、左右居中对齐

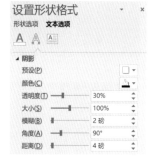

Step6

将两层文字编为一组，放置在图片上的合适位置，海报制作完成。如果觉得文字大小不合适，可将整个组合剪切粘贴为图片后调整

5.3　PPT 中的线条

▎线条有什么作用？

现象：

一个不被注意的现象是：普通人设计PPT很少优先使用线条，他们更喜欢用各种充满立体感和渐变色的形状。

我想原因可能是：人总是羡慕自己不会的东西。那种立体、渐变效果经过了层层设置才调节出来，感觉很高大上，能让PPT显得比较有技术含量。而线条……仿佛太小儿科了。

遗憾的是很多人做PPT严重依赖模板，却从来没有思考过构成模板的每一个要素，为什么能组合出美。比如，谁能告诉我，线条有什么作用？你思考过如何使用线条吗？

什么？使用线条还需要思考？这不是显而易见的问题吗？

那么，请看题：

是的，在这一页，我刻意使用了组合线、内陷线、虚线圆角矩形，与形状一起配合，线条设计是不是很漂亮？

下面，让我们一起领略线条之美吧。

线条有哪些可调节选项？

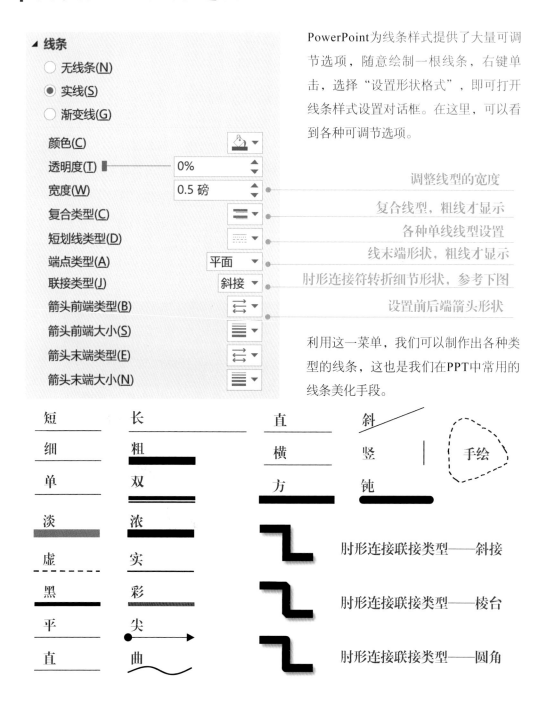

PowerPoint为线条样式提供了大量可调节选项，随意绘制一根线条，右键单击，选择"设置形状格式"，即可打开线条样式设置对话框。在这里，可以看到各种可调节选项。

利用这一菜单，我们可以制作出各种类型的线条，这也是我们在PPT中常用的线条美化手段。

线条有哪些绘制工具？

　　PowerPoint为我们提供了一组绘制线条的菜单，不过大部分朋友可能只用过其中的几种，事实上，线条菜单的绘图功能非常强大。

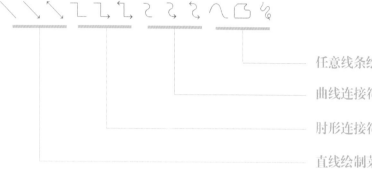

线条

任意线条绘制，下图细解

曲线连接符，连接不同形状

肘形连接符，连接不同形状

直线绘制菜单，最常用

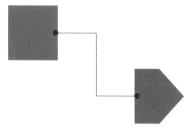

肘形连接符会自动连接到不同形状的各个边的中点。

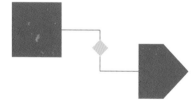

当形状位置移动时，肘形连接符会自动调整适应，如果觉得位置不好，可用黄色锚杆手工微调。

曲线：选择曲线后用鼠标左键连续单击，就可以画出拟合曲线，若首尾相连则闭合。

任意多边形：单击按钮后用鼠标左键连续单击，就可以画出多边形，首尾相连则闭合。

利用线条绘制作品

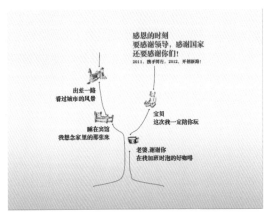

这是模仿"苏绪柒"房地产广告的一个作品。

线条绘制说明:

(1)用"**曲线**"逐段参考原图轮廓,逐点单击绘制线条;

(2)完成后改变线条的端点形状、线型粗细和颜色即可。

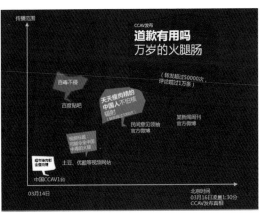

这是模仿某网络图片的一个作品。

线条绘制说明:

(1)用"**任意多边形**"逐个参考对话框轮廓,逐点单击,首尾相连得到封闭对话框;

(2)完成后改变对话框的填充颜色;

(3)在对话框内插入文本框填写文字。

常见线条特效制作指南

阴影线:给线条加阴影。

渐变线:参考渐变形状制作方法。

凹槽线:把一深色线放在浅色线上方制造立体感凹槽,需要背景色配合。

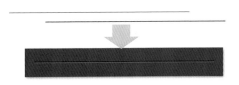

自由曲线鼠绘与墨迹绘图

自由曲线:单击该按钮后按住鼠标左键拖动,PowerPoint可以记录鼠标的移动轨迹,画出各种鼠标手绘图形。

过去我们单凭鼠标,可能很难在PowerPoint里画出像样的手绘。但在PowerPoint 2016中,触摸绘图功能得到了很大的强化,如果你的电脑是Surface这样的触屏设备,使用触控笔就能在PPT里进行手绘了。

自由曲线鼠绘   在Surface上用触控笔手绘

PowerPoint 2016专为触控设备准备的"绘图"选项卡

如果你想要绘制一些基本的图形,如圆形、三角形、矩形,只需单击打开**"将墨迹转换为形状"** 开关,然后用笔在PPT页面上随手一画,抬笔瞬间,这些笔迹就会自动变为标准的几何图形。而**"将墨迹转换为数学公式"** 更是理科老师们的福音:

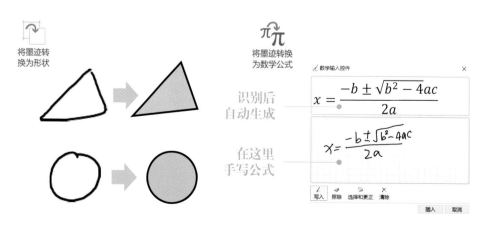

将墨迹转换为形状

将墨迹转换为数学公式

识别后自动生成

$$x = \frac{-b \pm \sqrt{b^2 - 4ac}}{2a}$$

在这里手写公式

用线条引导阅读视线

线条在PPT中首先可以引导人眼的阅读视线。在阅读时，人的眼睛天然容易被线条方向所引导，特别是流程图就很适合用各种线条引导，在制作PPT时可充分利用这一点。

短粗线吸引眼球，细长线引导阅读

进度轴控制视线，分支线引出视线

用线条划分阅读区域

长短不一的线条在PPT中的一个重要作用就是划分阅读区域，使眼睛在阅读时能有所停顿，减少一次性的阅读量，减轻阅读信息量负载。

线条可以把主副标题区分开

线条可以制造左右内容分割线

利用线条可以把PPT的版面等分分割、三分分割、黄金分割、曲线分割，甚至是不规则分割，这样PPT的排版设计就非常灵活。

用网页风格内陷线把版面分为多行

利用曲线线条制造有动感的版面

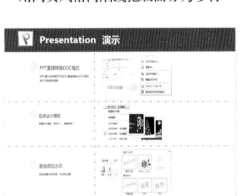

利用线条把版面分成对称的阅读区域

利用线条把版面分成不对称的阅读区域

在PPT中用线条划分区域的几个建议。

（1）多看杂志：很多杂志都是通过线条划分版面，阅读杂志的时候可以借鉴很多灵感，一般杂志多采用等分版、三分版、上下或左右黄金分割版、三角重心版。

（2）变化线型：注意多利用线条的宽度、灰度、末端形状做文章，多考虑用虚线、点划线还有点构成的线条制造排版的变化。

（3）组合使用：单独使用线条不如结合版面、形状、段落距离变化综合使用，可以制造出各种变化效果。

用线条传递距离感

　　线条还可以制造空间感。在自然科学的课件设计中，用线条结合艺术字特效制造出纵深度会非常妥帖。

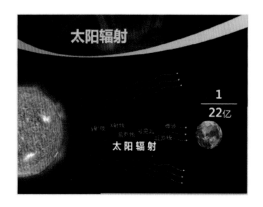

波浪形线条可以代表长距离

线形结合利用透视法制造出空间深度

用线条改变内容方向

　　如果想在PPT中改变阅读的视线，变化线条的方向是非常有效的。把线条方向变化、换页动画和擦除动画结合，就可以在播放时轻易制造各种炫目的连续播放效果。

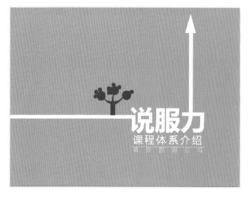

从左到右的线条转向到上下方向

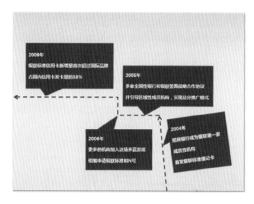

连续转弯的线条技能导引也能切分版面

用线条表达力量感

加粗的手写线条笔迹能传递信心，软弱无力的线条可以表达疲惫感，这些线条都可以通过自由曲线绘制，当然如果你有点美术基础，有块手写板或有台Surface就更好了。

加粗的起伏线条传递了内在的力量　　　无力纤细的曲线表现出病人的脆弱

用线条串联不同的对象

有时候不希望PPT中小素材排版总是方方正正的过于单调，线条就大有用武之地，无论是曲线还是直线，一旦和圆点组合起来很容易制造串联的效果。

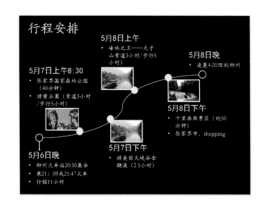

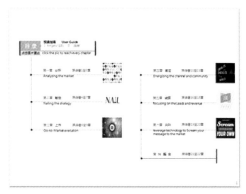

用曲线和小圆点串联页面素材　　　　　直线和圆点组合构成漂亮的目录导航

用线条标注重点

　　线条标注是非常常用的，用默认的"线形标注"等形状标注往往还不如用线条来绘制方便，一个小技巧就是把线端形状设置成小圆点，就不用担心定位不准。

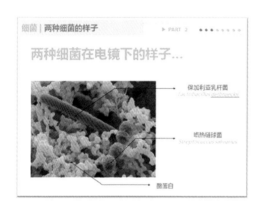

带圆点的线条有指示的功能　　　　　　手绘的线条更能抓住视线

用线条表达复杂场景

　　把简单的线条组合起来，可以完成相对复杂的形状，有些形状组合起来，甚至能超出你的想象，别忘了，简笔画都是线条构成的。

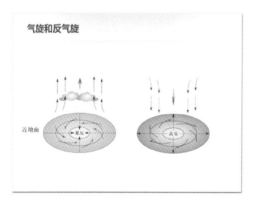

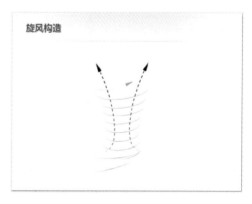

用带箭头的曲线线条画模拟气旋　　　　用带渐变色的曲线模拟旋风

　　只用线条和最简单的形状，能否完成丰富多变的排版？答案当然是能。请看本页案例修改。

扫一扫进微信
输入"线条特效"立获本节
线条特效最新模板下载链接

　　线条美化口诀：化横为竖、化单为双、化直为曲、化实为虚、化单调为渐变、化黑白为彩色。

5.4　PPT 中的形状

▌滥用形状的七宗罪

　　形状（形形色色的文本框模板）也许是PPT中被滥用得最多的修饰元素（滥用特效、滥用色彩）。你的PPT是不是也像下面一样，看得见颜色，看得到形状，唯独看不清内容？

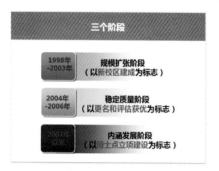
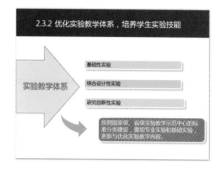

抄袭韩国Theme Gallery公司模板的PPT　　　　**找一堆模板东拼西凑而成的PPT**

　　实际上，对形状的滥用是PPT设计质量低劣的最重要原因，而网络上大量注重特效设计而忽视信息传达的模板更使得普通人的认识进入一个误区——好像只有使用那些效果很酷，很复杂的形状才是在设计PPT。

这是完全错误的！

　　真正的设计，永远是考虑让自己的PPT有效地服务于业务目标，而不是炫耀多余的技巧。无论这技巧有多么炫目，只要对内容传递没有价值，就应该毫不留情地抛弃。

　　对普通人而言，领略到这一点，一般需要经过 "不会用模板——生搬硬套模板——有效控制模板" 三个阶段。在学会控制使用之前，你也许会犯如下几种错误：

形状滥用第一罪：位置随意

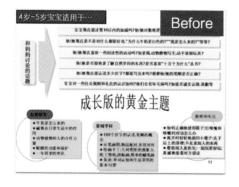

形状滥用第二罪：大小不一

形状滥用第三罪：风格错乱

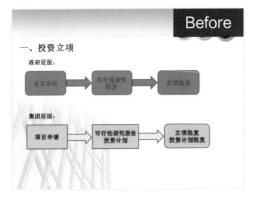
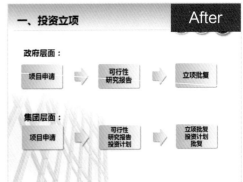

形状滥用第四罪：滥用色彩

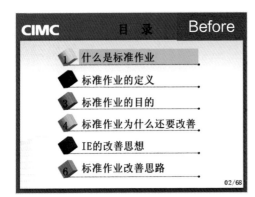
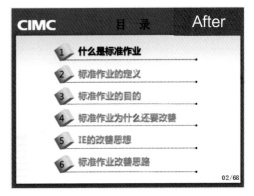

形状滥用第五罪：过度特效

形状滥用第六罪：生套模板

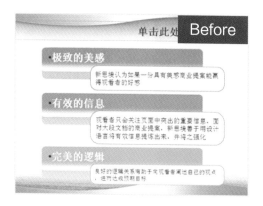
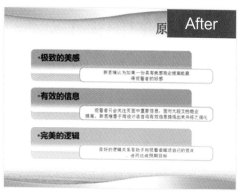

形状滥用第七罪：堆积文字

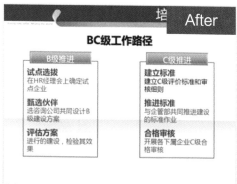

形状美化的六招

形状五花八门，究竟有没有简单快速的形状美化手段呢？秋叶老师给大家总结了六招。

形状美化第一招：换边角形状

使用"插入"选项卡的"形状"菜单，可以绘制不同边角的形状，请不要再局限于使用矩形形状了。

即使形状已经设置，也可以在幻灯片中进行单个或批量更换。只需选中形状，进入"绘图工具-格式"选项卡，在工具栏左侧单击"编辑形状-更改形状"即可更换新的形状。

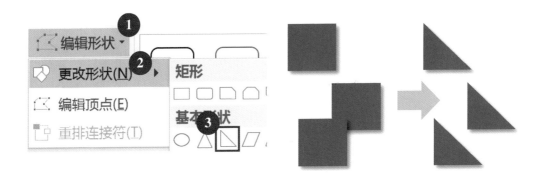

形状美化第二招：改变颜色及设置更多效果

对形状而言，一是可以选择各种颜色和粗细的边框，二是可以选择填充色，这些都可以在"开始"选项卡的绘图功能区进行设置。去掉轮廓色就可以得到颜色一致的形状图形。

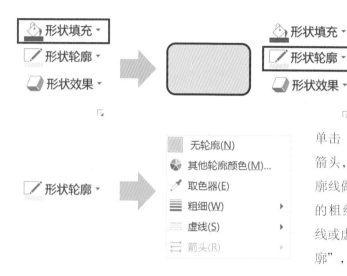

单击"形状轮廓"按钮右侧的小箭头，在下拉菜单中我们可以对轮廓线做更多设置——可以设置线条的粗细，将线条的类型设置为实线或虚线，甚至直接设置为"无轮廓"，去掉轮廓线。

上面我们提到的是比较简单的颜色修改，如果你还希望为其设置更多效果，那就需要使用相对复杂的设置窗口了。选中形状，对其单击右键，在弹出的菜单中选择"设置形状格式"，PowerPoint右侧会出现如下设置面板，通过它可以对形状做任意格式效果的改变。

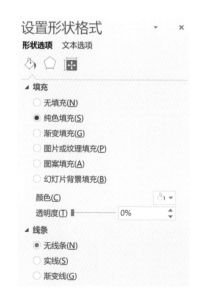

无填充： 形状只保留边框，其余部分为空。

纯色填充： 使用某一种颜色对形状做填充。除了系统提供默认的之外，你可以通过"自定义颜色"使用任何颜色。

渐变色填充： 使用渐变色对形状进行填充。渐变色有很多种，单色渐变、多色渐变、不同角度、不同类型、不同方向。在设置渐变色时，还可以充分利用"渐变光圈"使渐变的效果显现多种层次感。

蓝色矩形不同透明度效果：

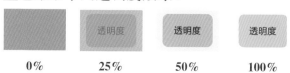

| 0% | 25% | 50% | 100% |

扁平化风格流行起来之后，有很多PPT设计师在设计PPT时也借鉴了这种风格，例如，在需要为对象添加阴影效果时，不使用软件中的阴影设置，而是自己手工绘制阴影，下面我们就来看一个这样的案例。

实例 39　利用同色系颜色填充形状打造手工阴影

Step1
绘制矩形，设置纯色填充，无轮廓

Step2
选中矩形，Ctrl+D 复制一份

和秋叶一起学PPT

Step3
选中顶层矩形，添加文本

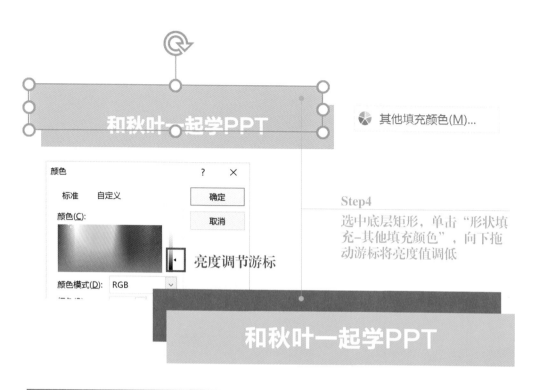

其他填充颜色(M)...

亮度调节游标

Step4
选中底层矩形，单击"形状填充–其他填充颜色"，向下拖动游标将亮度值调低

Step5
微调矩形之间的位置关系

常见手工阴影样式效果：

形状美化第三招：渐变色填充

　　"渐变色填充"会使形状变得富有层次而不单调，在PPT设计中也十分受欢迎。下面我们来详细了解下"渐变色填充"的设置面板。

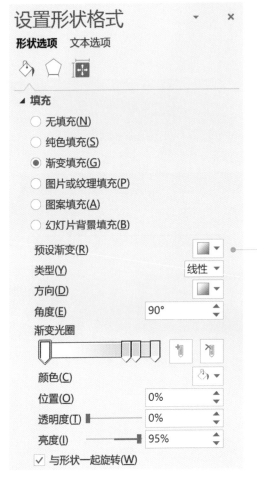

右键单击形状弹出菜单，选择"设置形状格式"，即可展开左图中的设置面板。

预色渐变中根据主题色不同，提供了几组渐变类型供我们选择，如果没有特殊需求，只想让颜色有一些层次感，不妨试试这些预设方案。

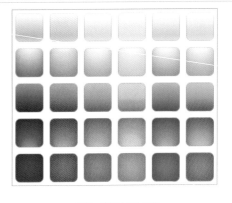

秋叶老师推荐大家使用PowerPoint 2016版本，能极大地提高生产力。

PowerPoint 2007与2010在渐变设置的界面上均不如2016版直观，但功能相似，在此不做更多介绍。

扫一扫进微信
输入"形状特效"获取本节
形状特效最新模板下载链接

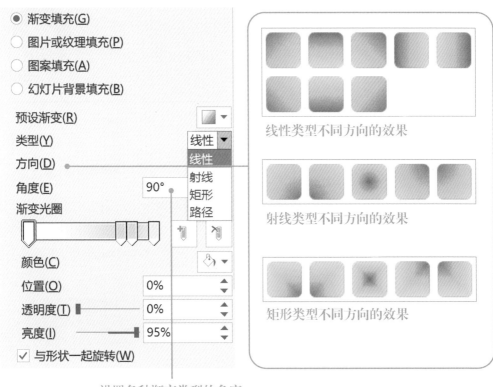

线性类型不同方向的效果

射线类型不同方向的效果

矩形类型不同方向的效果

设置各种渐变类型的角度

渐变的最后一种类型"路径"是一种很有趣的渐变，它是以形状中心点为起点，向形状边缘进行渐变。看看下面的案例，你就明白了。

渐变光圈上的每一个游标代表一种渐变颜色，给形状添加一个游标（光圈），就是添加一种颜色。在PowerPoint中，每种渐变色最多只能添加10个游标。

实例 40　动手试个遍！常用单色渐变设置效果一览

类型：线性

方向：线性向右

左光圈：位置0%，透明度0%

右光圈：位置100%，透明度100%

类型：线性

方向：线性向上

左光圈：位置0%，透明度0%

右光圈：位置100%，透明度100%

类型：射线；左光圈：位置0%，透明度0%；右光圈：位置100%，透明度100%

从右下角　　**从左下角**　　**中心辐射**　　**从左上角**　　**从右上角**

类型：矩形；左光圈：位置0%，透明度0%；右光圈：位置100%，透明度100%

从右下角　　**从左下角**　　**中心辐射**　　**从左上角**　　**从右上角**

类型：路径

左光圈：位置0%，透明度0%

右光圈：位置100%，透明度100%

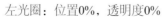

由于本例以矩形为例，故路径效果和矩形中心辐射等同

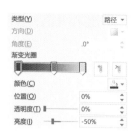

左图包含了用渐变色做出的序列图标。设置了三个游标，第一在0%位置处，设置最深的颜色。第二个在50%位置处，设置次深颜色。第三个在95%位置处，设置为次浅色。

这种流行渐变色背景图，是不是也要通过形状的渐变色去实现呢？

NO! 直接到**背景样式**里面去选择就好了。不过，你要是觉得软件提供的几个默认的模板颜色不够满意，你也可以通过修改颜色来设置更多效果。

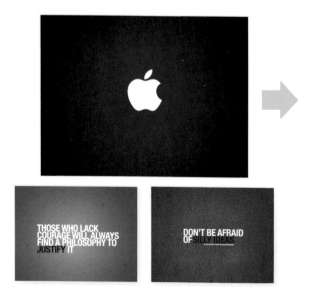

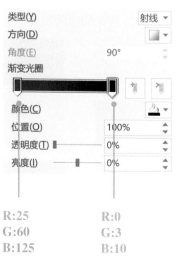

R:25　　　　R:0
G:60　　　　G:3
B:125　　　B:10

形状美化第四招：图案或图片填充

"图片或纹理填充"与"图案填充"里面提供了许多种图形填充功能。利用这些填充功能我们可以制造出各种有趣的形状图案。

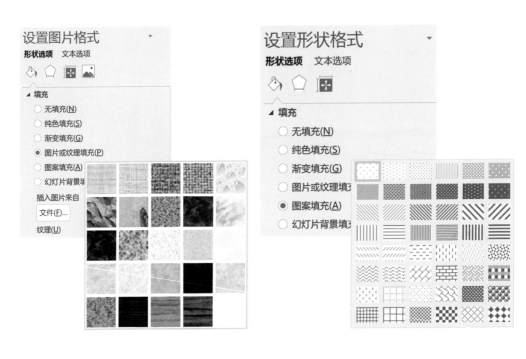

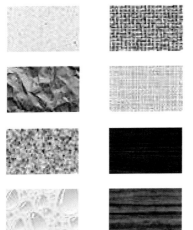

常见的纹理填充

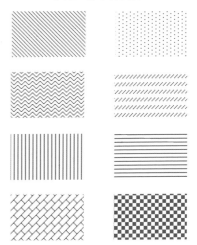

常见的图案填充

形状美化第五招：改变线框

当形状使用可见边框线的时候，可以直接在格式菜单的形状设置中设置"形状轮廓"。

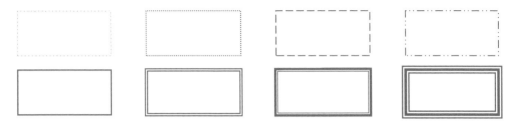

　　实线边框与复合边框的组合使用，辅以增加线型的宽度，会显示出复合线型效果。几种复合类型同时还可以搭配短划线类型，也可以使用虚线组合复合类型。

　　下面的第一排都是"由粗到细"复合线型，15.75磅，端点类型是"正方形"时在不同联接类型下的显示效果。第二排是"三线"复合线型，11.5磅，端点类型是"平面"时在不同联接类型下的显示效果。

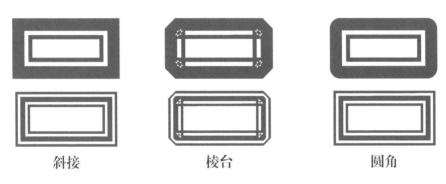

斜接	棱台	圆角

设置形状格式：对线型各参数进行设置。如果使用复合类型，则需要将线型的宽度进行加大才能看到效果。短划线类型可以设置实线与各种虚线。

端点类型：可将线段末端设置为正方形或圆角、线段的平面类型。

联接类型：可以通过上图看出各种联接类型的区别。

箭头设置：不仅可以设置箭头的样式，还可以设置各端箭头的大小。

圆形箭头	开放形箭头	钻石形箭头

形状美化第六招：增加各式效果

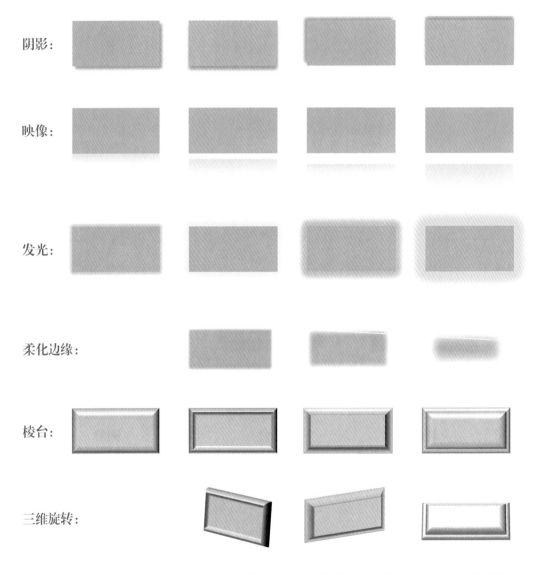

阴影：

映像：

发光：

柔化边缘：

棱台：

三维旋转：

　　在"开始"选项卡中可以找到"快速样式"功能，内置了一些特效效果，可以生成形状后直接选不同颜色的样式填充，这些样式如下图的右侧六个样例所示。

实例41 　用柔化边缘制作弧形阴影的案例拆解

秋叶老师在新浪微博发起一页PPT大赛，今年已经是第9届了，在比赛中，我们征集到了很多优秀的作品，比如下面这个作品的主题是"诱惑，是一种含蓄的艺术"，有意思的是，这个银联卡是如何被挡住只露出一角的呢？下面让我们一起试着分析一下。

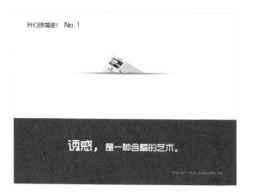

白色矩形遮挡

原来是被形状遮挡的，但是形状为什么中间有阴影呢？继续分解：

将阴影纵向拉宽

原来阴影是弧形阴影纵向挤压得到的。那么，这种弧形阴影又该怎么画呢？

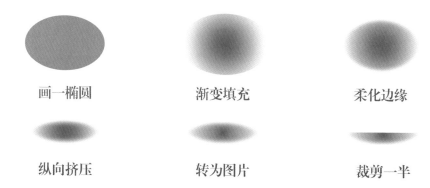

画一椭圆　　　　　渐变填充　　　　　柔化边缘

纵向挤压　　　　　转为图片　　　　　裁剪一半

如何画出曲线图形

在PowerPoint中绘制曲线图形的方法有很多，包括使用波形形状、双波形形状和曲线等。

在绘图工具列表中，我们可以选择创建**波形**或**双波形**图形，前者包含一对曲线波谷和波峰，而后者则包含两对波谷和波峰。

波形形状四周的8个白色圆形定位点可以调整波形的大小及其波幅，而侧面和底部的两个黄色圆形锚点则可以分别调整波形的弯曲幅度和倾斜幅度。

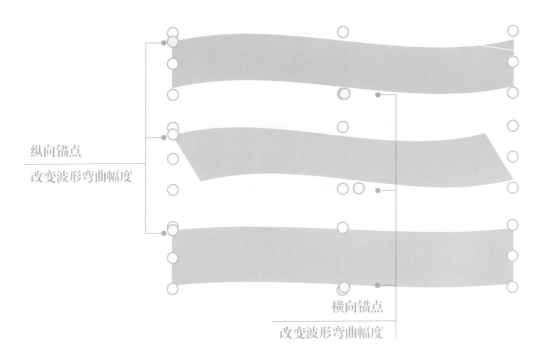

如果希望绘制出规则波形以外的曲线形状，可以使用绘图工具中的"**曲线**"来进行绘制。

选中"曲线"工具后，用鼠标所显示的十字星在幻灯片上定点，曲线工具会在相邻两点之间通过绘制平滑曲线来进行连接。在完成多个位置的定点以后，按Esc键，幻灯片上就能生成一条完整的曲线。

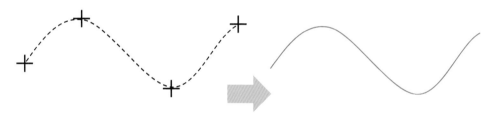

在曲线绘制完成之后，还可以继续调整曲线上的顶点位置及曲线弯曲的方向。

选中曲线图形，在右键菜单中选择"**编辑顶点**"命令。进入顶点编辑模式，曲线上会显示各个顶点的位置，单击某个顶点，会显示控制这个顶点的手柄（锚点两侧的线段）。我们可以拖曳顶点来改变顶点的位置，也可以调整手柄来改变弧线弯曲的角度。

如果要将曲线绘制成一个完整闭合的形状，可以在编辑顶点的状态下单击右键，在菜单中选择"关闭路径"命令，也可以直接首尾相连画完一条闭合曲线。

任意多边形的顶点类型

除了通过使用曲线工具来绘制曲线形状，还可以通过更改任意多边形的**顶点类型**来设计出符合要求的曲线形状，这甚至比直接用曲线工具绘制曲线效果更好。

实例 42 使用编辑顶点来临摹圆滑曲线

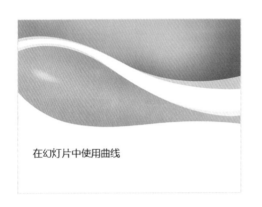

在幻灯片中使用曲线

有时候，我们需要绘制特定弧度的曲线，但如果直接使用"曲线"工具，曲线的弧度是由电脑计算生成的，如果绘制时落下的顶点位置不佳，则很难做出一模一样弧度的曲线来。

在这种情况下，我们就可以先绘制**任意多边形**，然后再修改顶点类型、调整手柄状态，最终达到临摹曲线的目的。

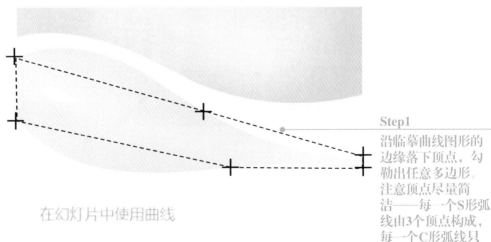

在幻灯片中使用曲线

Step1

沿临摹曲线图形的边缘落下顶点，勾勒出任意多边形。注意顶点尽量简洁——每一个S形弧线由3个顶点构成，每一个C形弧线只需2个顶点即可

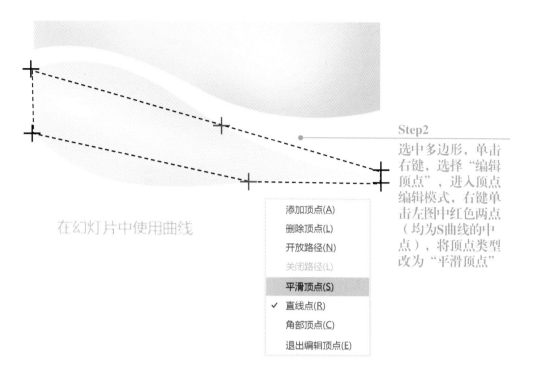

在幻灯片中使用曲线

添加顶点(A)

删除顶点(L)

开放路径(N)

关闭路径(L)

平滑顶点(S)

✓ 直线点(R)

角部顶点(C)

退出编辑顶点(E)

Step2

选中多边形，单击右键，选择"编辑顶点"，进入顶点编辑模式，右键单击左图中红色两点（均为S曲线的中点），将顶点类型改为"平滑顶点"

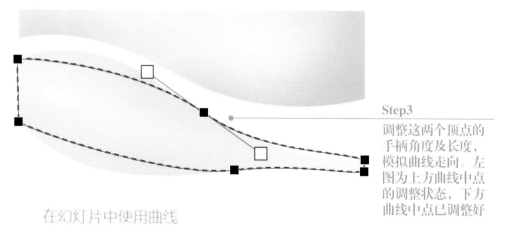

在幻灯片中使用曲线

Step3

调整这两个顶点的手柄角度及长度，模拟曲线走向。左图为上方曲线中点的调整状态，下方曲线中点已调整好

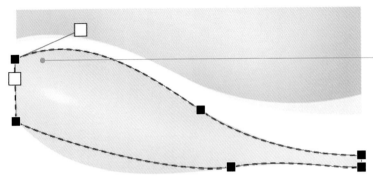

在幻灯片中使用曲线

Step4

调整上方弧线两头端点顶点的手柄角度及长度。左图为为上方弧线左端点手柄调整状态，右端点已调整好

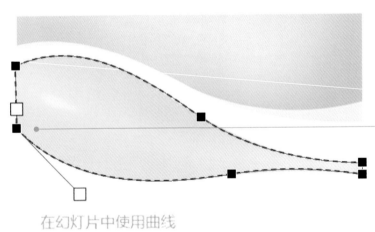

在幻灯片中使用曲线

Step5

调整下方弧线两头端点顶点的手柄角度及长度。左图为下方弧线左端点的手柄的调整状态，右端点已调整好

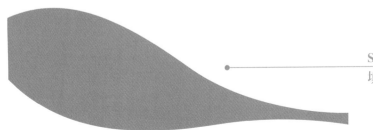

Step6

填充灰色，绘制完成

曲线形状在版式中的应用

在幻灯片页面版式中使用曲线形状作为页面装饰，可以让页面显得更加生动活泼，设计感更强，为幻灯片增加更多商业气质。

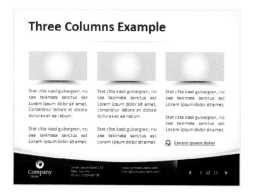

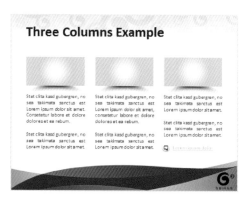

合并形状功能的应用

在PowerPoint 2013中新增了一套"**合并形状**"功能，这组功能在"格式"菜单下，只有当我们选中多个形状、文本框或图片时，才会激活。利用"合并形状"功能，我们可以方便地完成各种几何形状的子交并补运算，从而快速地绘制出你想要的任何形状。如果你有留意的话，我们在实例35．36中都用到了合并形状的功能。

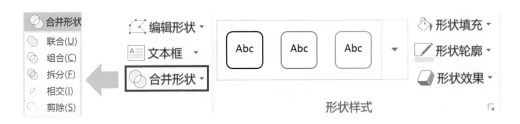

合并得到的形状可以和普通形状一样拉伸、填充，完成各种操作，要注意的是，形状的先后选取顺序，对最终形状有很大影响——如在"剪除"中，剩下的是先选形状未与后选形状重叠的部分；在"联合"中，联合生成的新形状会延续先选形状的颜色属性等。

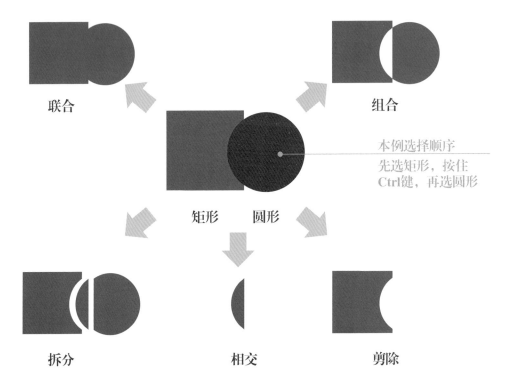

形状美化在 PPT 中的创意

1. 形状与线条的结合

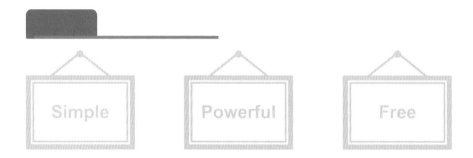

2. 变换形状的长度或高度

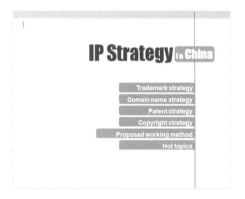

3. 形状阵列

4. 利用手绘或不规则的形状

 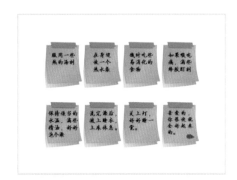

5. 利用形状划分版块

形状美化——综合案例

实例 43　撕纸效果的制作

制作下图这种撕纸效果，通常都需要Photoshop出马，但其实在PPT里面利用形状绘制功能也可以实现。

PPT制作撕纸效果

改编自"三分钟教程" 012期《撕纸效果》　教程原作者：@宅晓光
在"秋叶PPT"公众号输入"撕纸效果"，绝对惊喜！

Step1
PPT背景填充绿色

Step2
插入与页面等大的图片，
并复制一份

Step3
将原图片裁剪剩下
上部的三分之一

Step4
将复制的图片裁剪
剩下的三分之一

Step5
用自由曲线工具绘
制出图中蓝色的形
状

Step6
填充白色、无边线，
与各自一侧的图片
组合，并设置阴影。
注意阴影方向朝向
画面中间

Step7
输入标题文字（自
由曲线绘制的形状
超出页面部分在放
映时不会显示，请
勿担心）

实例 44　墨迹效果的制作

　　像这种水墨装饰效果，在很多PPT特别是中国风PPT里非常常见，今天秋叶老师给大家剧透一下制作方法（教程原作者：@宅晓光）。

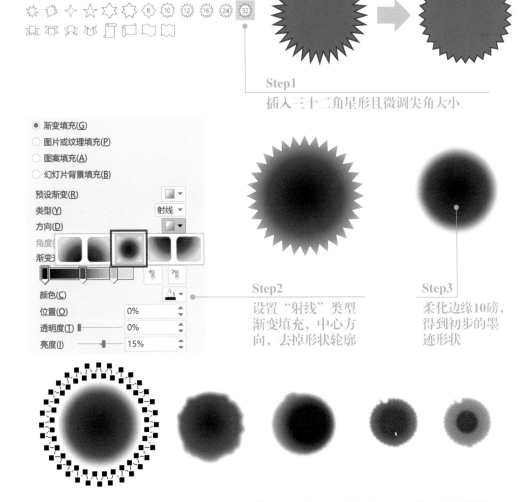

星与旗帜

Step1
插入三十二角星形且微调尖角大小

渐变填充(G)
图片或纹理填充(P)
图案填充(A)
幻灯片背景填充(B)
预设渐变(R)
类型(Y)　射线
方向(D)
角度
渐变
颜色(C)
位置(O)　0%
透明度(T)　0%
亮度(I)　15%

Step2
设置"射线"类型渐变填充，中心方向，去掉形状轮廓

Step3
柔化边缘10磅，得到初步的墨迹形状

　　将形状转换为任意多边形，编辑顶点调节外形，辅助改变光圈，调出你喜欢的形状。

5.5　PPT 中的表格

▍表格在 PPT 中往往被忽视

PPT设计中有一句建议："文不如字，字不如表，表不如图"。事实上大部分人制作PPT喜欢用图，很少注意表格，即使用到表格，大概也就像下面范例一样，简单到简陋。

序号	项目名称	变更项目数	供应商申报项目数	供应商申报金额	已完成审核项目数	已审核金额
1	A项目	15	21	18,000.00	14	5,900.00
2	B项目	10	5	30,000.00		0.00
3	C项目	2	3	16,000.00		0.00
4	D项目	1	3	4,000.00		
合计		28	32	68,000.00	14	5,900.00

如果在PPT中用到的表格都是这种质量，当然没有人喜欢。其实只需要用PPT的表格设计功能简单美化一下，配合字体的调整，表格的质量就会大不一样。

序号	项目名称	变更项目数	供应商申报项目数	供应商申报金额	已完成审核项目数	已审核金额
1	A项目	15	21	18,000.00	14	5,900.00
2	B项目	10	5	30,000.00		0.00
3	C项目	2	3	16,000.00		0.00
4	D项目	1	3	4,000.00		
合计		28	32	68,000.00	14	5,900.00

我们发现，之所以表格在PPT设计中被低估，首要原因就是因为很多人习惯直接从Word或Excel里面复制表格到PPT中，而并没有真正掌握PowerPoint中表格排版的基础功能，觉得美化调整表格过于复杂，放弃修改。

第二个原因是很多人缺乏美化表格的思路，尝试几次不满意，就放弃了美化的想法。

第三个原因就是很多人只是在模仿表格的形式，而没有建立表格的思维，其实在设计界，经常用到各种表格帮助排版，前面我们讲到的网格和栅格，也是一种表格。表格的本质是一种矩阵思维，能够矩阵化的内容绝不仅仅局限于设计。

让很多人大吃一惊的是，用好表格是提升PPT设计质量和效率的最佳途径之一。下面，就让我们一起见识表格之美吧。

如何在 PPT 中直接插入表格

除了从Word/Excel里面复制/粘贴表格外，你还可以在PowerPoint的"插入"菜单中直接设计表格。

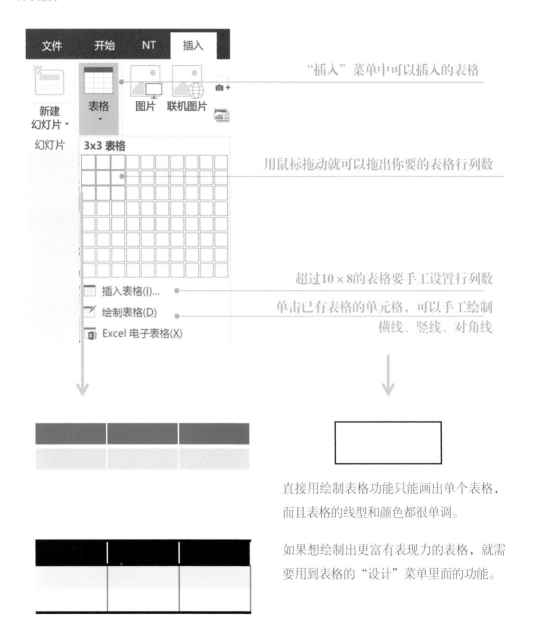

"插入"菜单中可以插入的表格

用鼠标拖动就可以拖出你要的表格行列数

超过10×8的表格要手工设置行列数

单击已有表格的单元格，可以手工绘制横线、竖线、对角线

直接用绘制表格功能只能画出单个表格，而且表格的线型和颜色都很单调。

如果想绘制出更富有表现力的表格，就需要用到表格的"设计"菜单里面的功能。

如何设置表格的默认样式

利用表格设计菜单中的表格样式可以预设表格表头及内部行列的样式。

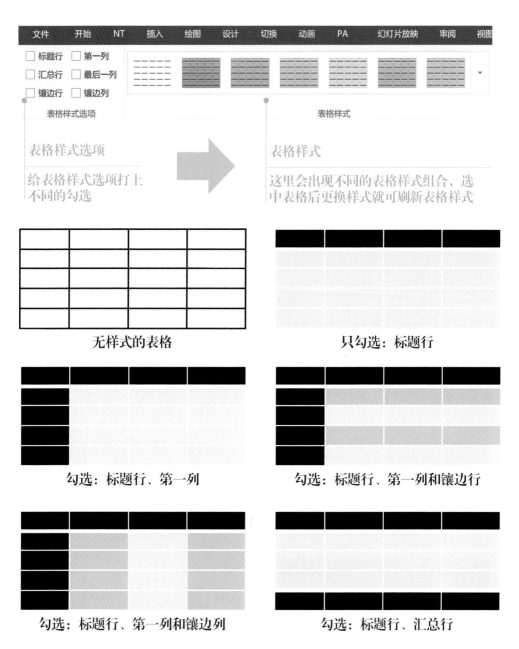

如何设置表格的默认样式

表格的设计菜单还可以调整表格的填充色和线型形状。

（1）表格底纹填充操作和文本框一样；

（2）选中指定的单元格、行、列或整个表格就可以手工填充对应区域的颜色、花纹图案乃至图片背景；

（3）底纹填充有一个"表格背景"选项，其含义是为整个表格填充你设置的背景色或图案。要显示"表格背景"填充必须设置底色填充为"无填充色"。

只用表格背景填充图片效果示意

合并单元格后填充灰色挡住背景填充

表格填充设置渐变色后的填充效果

表格填充设置透明色后的填充效果

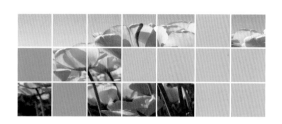

利用表格填充和背景填充的叠加效果，可以轻易制造各种Metro风格的图片填充效果，一起来看一个实例吧！

实例 45 快速完成 Metro 风格网格图文排版

所谓Metro风格就是以Windows 8系统的多宝阁界面为代表的一种结构简洁、颜色明快的扁平化"方块式"设计风格。虽然Windows 8系统面世之后本身饱受诟病，但Metro风格的界面设计却深得人心，有很多PPT高手都曾在自己的作品中进行过模仿。

下面我们就来看一下，如何在PPT中实现这一效果。不过与大部分人使用形状和线条来绘制有所不同，秋叶老师今天用的绘制工具是——**表格**。

Step1 插入素材图片

Step2 根据图片尺寸绘制等比例大小的表格

Step3　将素材图片作为表格底纹填充

Step4　调整表格线框颜色和宽度，合并部分单元格并调整底色

Step5　给单元格填充图片或颜色，添加文字完成排版

若是按常规方式制作，可能就是插入一系列的横线、竖线、图片、矩形，还要各种对齐、平均分布，效率可远不如使用表格排版高哦！

如何设置表格的边框

　　表格边框可以设置单个表格/单列/单行/单格边框的线型、颜色、粗细。先在"绘图边框"中设置好线型，然后选中单元格或行/列后，单击一次指定选项设置边框出现，再单击一次同类选项清除设置。

　　绘制复杂表格时综合利用菜单命令能大大提高绘表效率，甚至高效绘制一些复杂形状。

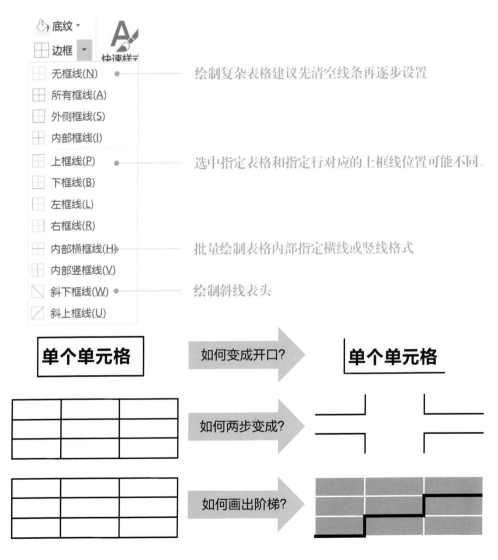

　　结合表格线型和底纹，可以得到千变万化的表格排版，下一页我们就为你展示这一点。

如何设置表格的线型

表格的美化除了底色外，最重要的是利用**线型的变化**。只不过大部分人很少留意商业表格线型的设计。

下面我们就看看如何综合利用底纹和线型设置来美化表格的外形。

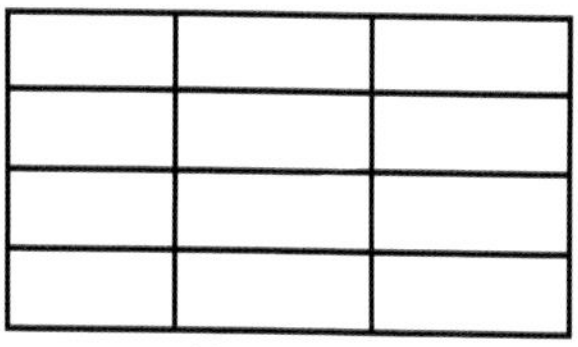

普通表格

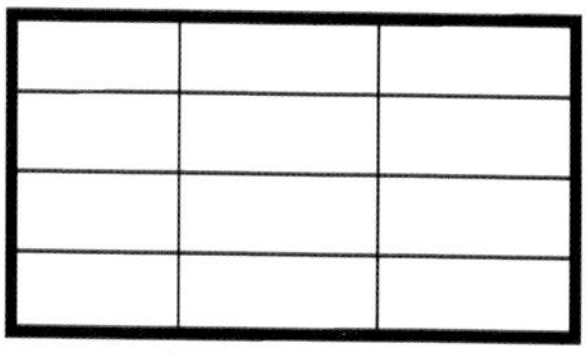

加粗外线框

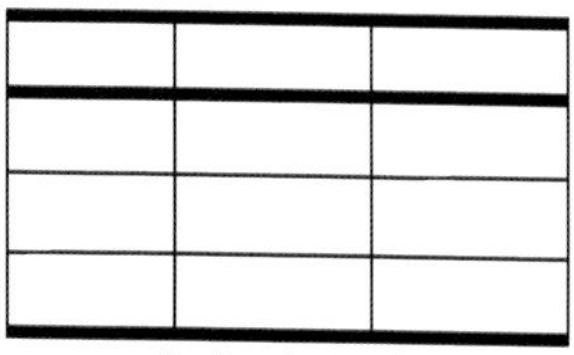

加粗表头线

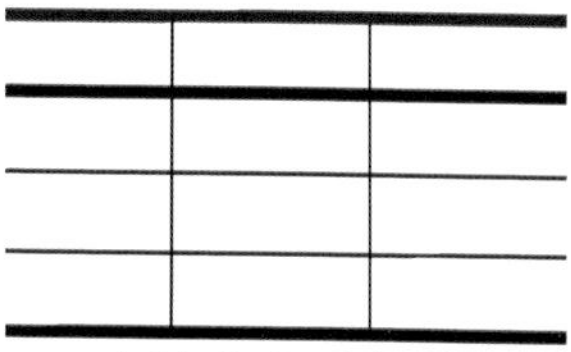

去掉左右边框线

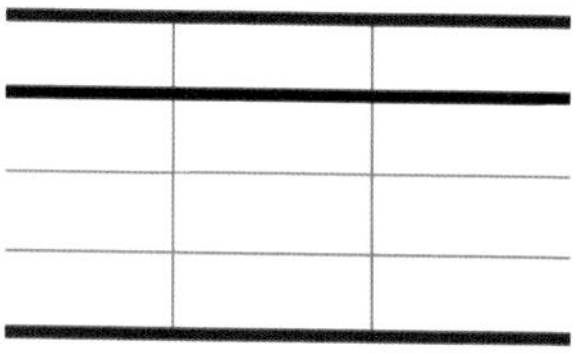

弱化内部框线颜色

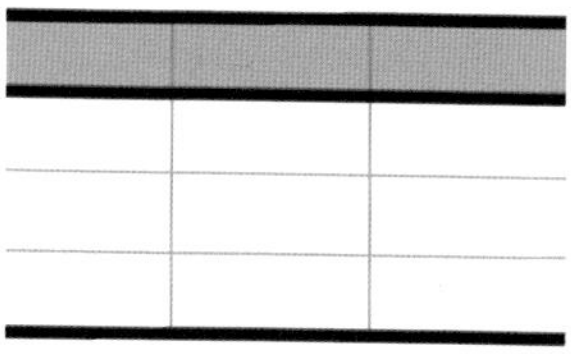

增加表头底色

改变表格的颜色

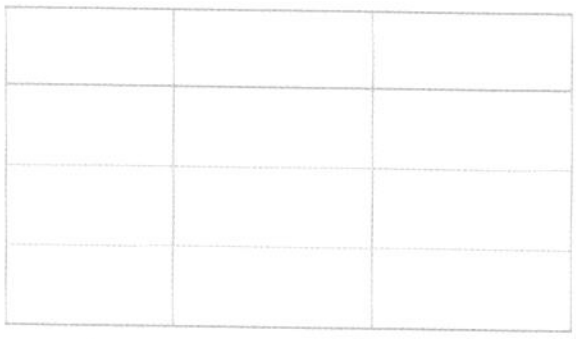

表头线用不同颜色

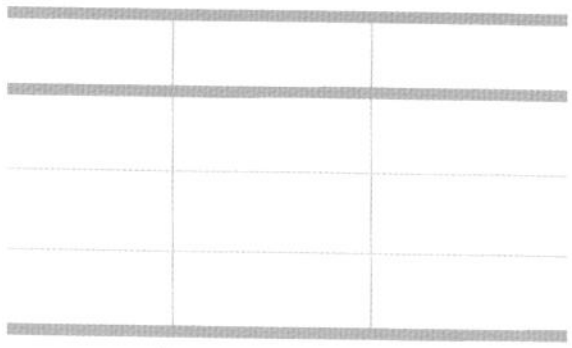

加粗表头线

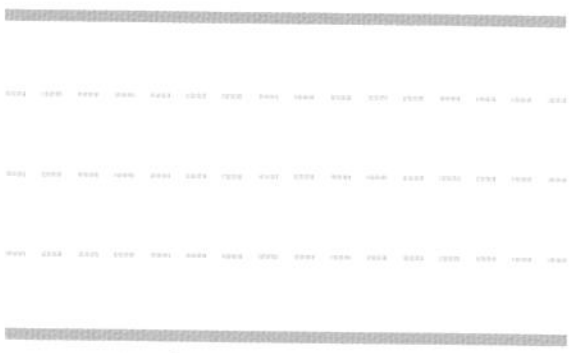

改变线型为虚线

改变线型为点划线

改变线型为虚点线

去掉表头线

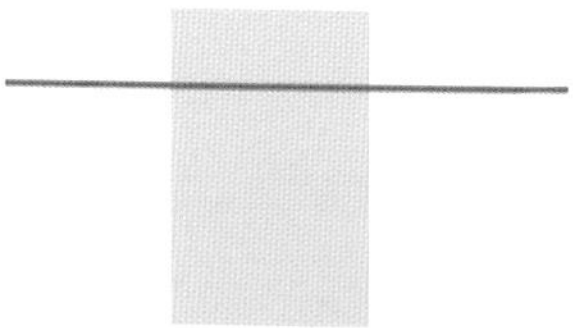

突出某一列或一行

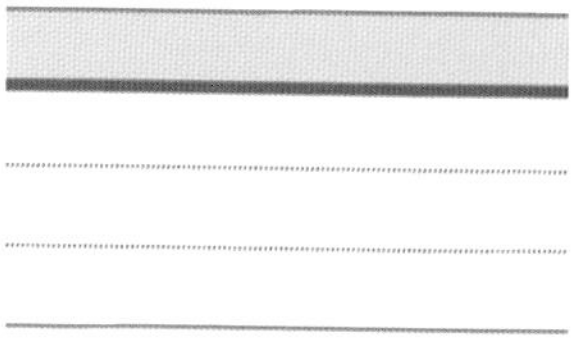

综合利用美化

如何设置表格的特效

　　PowerPoint 2007以后的版本提供了表格的特效美化功能，恰当利用这些特效可以增强表格的美化效果。

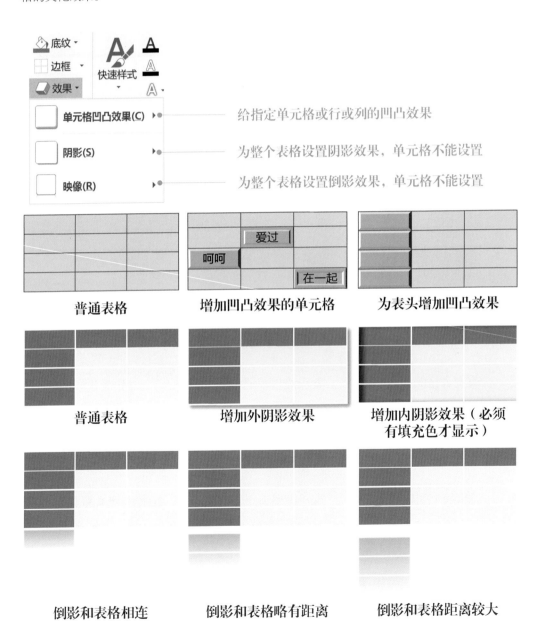

给指定单元格或行或列的凹凸效果

为整个表格设置阴影效果，单元格不能设置

为整个表格设置倒影效果，单元格不能设置

普通表格　　　　　　增加凹凸效果的单元格　　　　为表头增加凹凸效果

普通表格　　　　　　增加外阴影效果　　　　增加内阴影效果（必须有填充色才显示）

倒影和表格相连　　　　倒影和表格略有距离　　　　倒影和表格距离较大

实例 46 　**快速完成时间轴目录**

左图这样的目录在PPT中相当常见，通常用来表示章节的进展，其中不同颜色的色块单元表示当前章节。

如果改变每一个单元宽度，还可以对应地反映出每个单元的演讲时间。

这种目录叫时间轴目录，很容易通过表格特效完成。

下面就为各位展示制作方法。

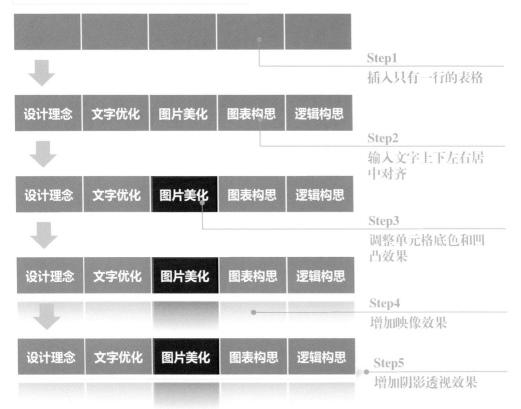

Step1
插入只有一行的表格

Step2
输入文字上下左右居中对齐

Step3
调整单元格底色和凹凸效果

Step4
增加映像效果

Step5
增加阴影透视效果

实例 47 快速完成搜索框效果

现在，PPT中用到搜索框示意图的场景越来越多，其实使用表格就能很容易地制作出上面这样的搜索框效果。下面秋叶老师给大家介绍一下方法。

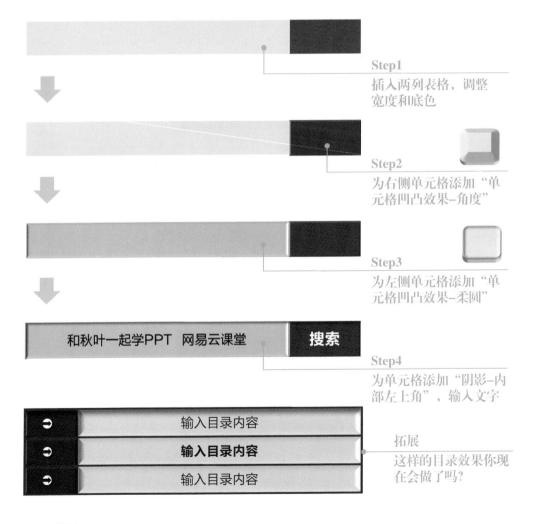

Step1
插入两列表格，调整宽度和底色

Step2
为右侧单元格添加"单元格凹凸效果-角度"

Step3
为左侧单元格添加"单元格凹凸效果-柔圆"

Step4
为单元格添加"阴影-内部左上角"，输入文字

拓展
这样的目录效果你现在会做了吗？

如何改变表格的大小

　　PowerPoint 2007以后的版本在选中表格后会出现表格的"布局"菜单，里面提供了表格的行列选择、行列插入和删除、单元格拆分和合并、表格字体对齐等功能。这些功能可以通过进入表格后单击鼠标右键菜单直接调用。

　　此外，"布局"菜单还提供了表格排版的利器"**单元格大小**"。

↕ 高度：1.03 厘米　分布行	在对话框中输入数字可以手工更改指定的单元格或行的高度
宽度：1.85 厘米　分布列	可以快速平均分布指定行或列的宽度或高度
单元格大小	单元格大小支持快捷调整表格的单元格行高或列宽

整体分布列操作

整体分布行操作

指定列分布操作

使三个灰色列等宽　　　　　　只选中灰色列后分布

只调整当前列高度　　手工调整操作　　手工调整当前行宽或列高时不影响其他行列

如何在表格里强调重点

　　表格的一大缺点就是内容太多。如何让表格里的重点信息让别人看见，就成为表格设计的关键。

把表头和表中的颜色区分开可以让眼球注意力集中到单色面积更大的
表中区，这样可以减少阅读信息量。

另一种方法是让不同行颜色有对比改变。

　　如果在表格中想强调的是单元格内容，一般有如下几种方法，值得注意的是，在一个表格中用的强调方法太多，或者强调的位置太多，就会失去强调的作用。

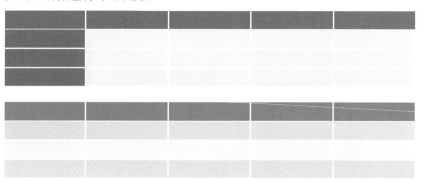

加大	1	2	3	4	5
变色	1	2	3	4	5
标识	1	2	3	4	5
底色	1	2	3	4	5
反衬	1	2	3	4	5

表格综合美化排版示例

　　单一的手段美化表格往往效果有限，如果综合运用表格内对齐、调整底色、改变字体、改变线型等手段，可以让表格变得一目了然且重点突出。

　　下面的表格存在背景色和字体对比度不够，信息层次不明，重点信息不突出等问题，我们可以利用颜色把表格分块，利用缩进对齐建立隶属关系，调整字体和底色强调重点信息，从而使表格可读性得以提升。

Before

年份	1998	1999	2000	2001	合计
占上市公司采购比例	0.00%	10.20%	85.56%	61.81%	
代理费率		未提及	未提及	未提及	
上市公司					
主营业务收入　亿	NA	38.23	48.28	114.42	
原材料成本=主营业务成本*30%	NA	11.47	14.48	34.33	
库存变化　　亿	NA	0.27	-2.06	2.82	
采购金额　　亿	NA	11.74	12.42	37.15	
采购金额/主营业务收入	NA	30.71%	25.73%	32.46%	
专利费=营业额*0.1%	NA	0.32	0.40	0.60	1.32

After

年份	1998	1999	2000	2001	合计
占上市公司采购比例	0.00%	10.20%	85.56%	61.81%	
代理费率		未提及	未提及	未提及	
上市公司					
主营业务收入　亿	NA	38.23	48.28	114.42	
原材料成本=主营业务成本*30%	NA	11.47	14.48	34.33	
库存变化　　亿	NA	0.27	-2.06	2.82	
采购金额　　亿	NA	11.74	12.42	37.15	
采购金额/主营业务收入	NA	30.71%	25.73%	32.46%	
专利费=营业额*0.1%	NA	0.32	0.40	0.60	**1.32**

表格可以实现快速排版

　　表格相当于把一批文本框打包，那为什么不可以利用移动、表格自动对齐的特性让排版变得更加自如呢？

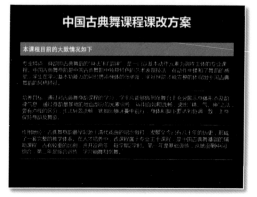

这页PPT的正文文字按照传统的方式排版，用到了三个文本框。

这样只要有一个文本框需要调整，其他文本框都需要花费时间重新调整。

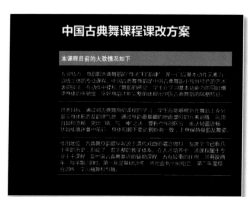

左图是用表格制作的排版。

第一行表格填充不同的背景色，突出标题。

中间用白色线条划分不同自然段，也引导阅读方向。

由于文本是一个整体表格，所以如果你需要移动调整最佳排版位置，只需要拖动表格即可。

最新的排版中我们压缩了表格的空间，在左侧和底部留下一些空白。

此时只需要拉伸表格的角点，就可自动完成表格内文字的自动换行和格式调整，而且段落之间还能实现自动对齐。

这种排版操作是文本框效率的10倍，遗憾的是不能像文本框那样设置单个动画而已。

表格可以实现快速对齐

　　表格可以理解为能够批量编辑的文本框，从而可以利用文本框的上中下、左中右对齐操作完成表格的快速对齐。

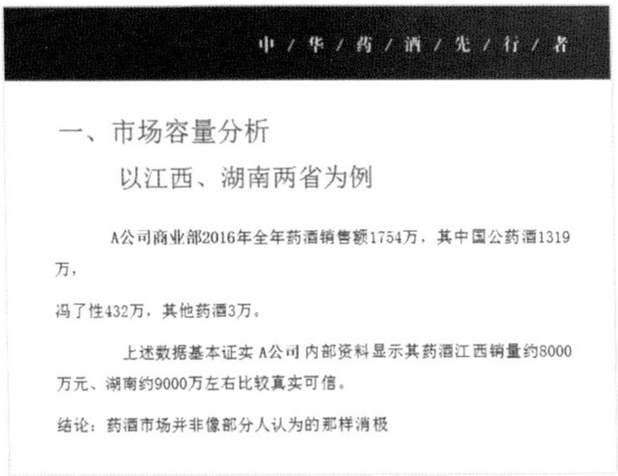

直接从Word复制过来的文档往往带有源文件格式，如果在粘贴时没有清除，很容易造成排版混乱。

在Word里非常适用的首行缩进两格的排版，在PPT中不如改成全文左对齐的排版。

比如左图的文字，改成下图左对齐和缩进对齐就很美观。

左图的排版如果直接用文本框和线条绘制，排版工作量会很大，假如用表格制作的话，效率就要提高10倍以上。

而且大家可以注意到，表格右边的数字实现了列对齐。

很多朋友是用空格键实现这种数字对齐，一旦遇到中英文半角全角字符对齐的问题，就很尴尬了。

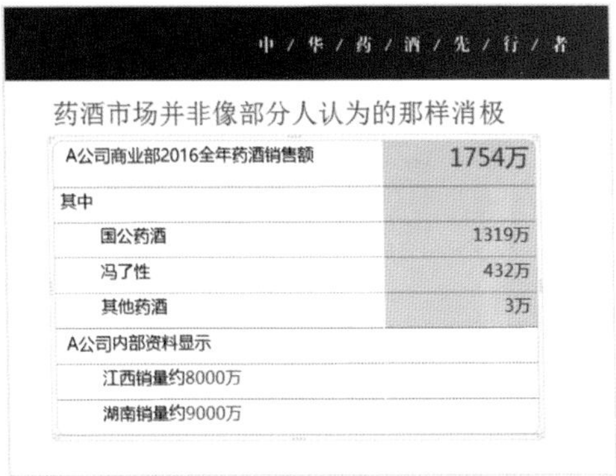

如果你的文字是用表格完成的排版，那么不但排版效率高，要把这列数字换成右对齐，也只需要一次"右对齐"的批处理操作即可。

表格可以实现快速调整

　　如果用文本框组合排版，增加一行或减少一行就会导致其他文本框要联动调整。用表格就不用担心这一点，而且表格微调细节，就可变出不同风格，使版面不单调。

　　大家不妨体会下面三组案例，想想从左图到右图，使用普通文本框排版需要多久，使用表格又需要多久。

表格排版美化的思路

　　下面三组案例能够帮助我们打开表格排版和美化的思路，让我们看到巧妙改变表格的宽度、边线、空行、底色和方向的设置，能创造出多变而灵活的表格。

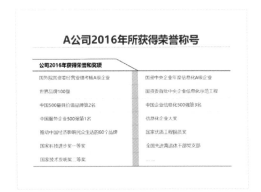

全屏式表格

大部分PPT使用表格会习惯比页面小，表格四周到页面边距有一些留白，其实有时候也可以考虑把表格直接做成和PPT宽度一致。

如左图所示，这样在阅读PPT的时候，表格的底色和线条刚好成为阅读的引导线。

开放式表格

所谓开放式表格是指去掉表格外框和内部的竖线或横线，使表格由单元格组合变成行列组合。

如左图的排版，表格阅读时很自然沿着线条前进，如果有一个边框，阅读时反而会有停顿，连续性不够。

当然这个表格中虚线、斜线和中间利用空列制造间隔阴影区的思维也值得借鉴。

竖排式表格

文本框里面有一种叫"垂直文本框"，用来写竖向字体。其实在表格里面也很容易实现这种排版。

如左图所示，合理组合表格的单元格，可以方便实现竖排表格和横排文字的搭配。调整不同单元格标题和引导线颜色，还可以使表格更美观。

表格图片美化的思路

表格美化的另外一种思路就是把表格和图片结合。这种结合有两种思维，一种是让图片成为表格内部的部分，另一种是让表格成为图片的一部分。

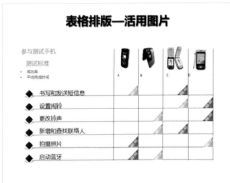

内容图标化

做好表格以后，我们可以把要填充的内容变成大家习惯或熟悉的小图标。比如最常见的"√"和"x"。

当然也可以是其他你觉得合适的图标或小图像。图片可以采用单元格填充，也可以手工对齐到对应位置。左图的角标你也可以看作是用三角文本框绘制的图形。

图文表格化

左图的排版创意其实直接来自一份房地产广告，我们在生活中也会经常看到这样的广告排版。

在这里，表格就成为一个收纳的容器，可以把文字和图片和谐地放在一起，错落有致。

表格图片化

另外一种常用的表格美化思路是把表格放在能够起到强调或和表格内容有关联的大图上。这样表格的视觉冲击力会更强。

要注意选择和图片内容有联想度，图片上有大面积单色背景以突出表格的图片。

看不见的表格

　　表格的设计看起来好像就仅仅是填充底纹和改变线条，逆向思考一下：能不能让表格的底纹和颜色消失，成为在PPT页面上的排版定位线呢？

第一眼看到左图，你可能会以为这不过是几个文本框的组合吧？

下面提示一下，左图是表格。先别急着看下图，自己想一想，它真的是表格吗？

通过巧妙地合并单元格和隐藏线条的颜色，我们可以制造出自己需要的任意排版定位线。

这比利用"网格和参考线"还方便，而且每个单元格都可以输入文字，左中右、上中下对齐，还可以填充图片，填充背景。多方便啊！

现在大家看出来左图和上面的排版的联系了吗？

是的，直接利用了上图的表格定位线，只不过在对应填充内容区美化了小标题，换了不同的图片填充，就可以制造出非常接近网页的排版效果。

忘了告诉各位，其实网页的切版，杂志的栅格，就是采用了这样的排版思维呢！

猜猜这些案例如何用表格绘制

一旦各位打开了思维，理解我们是如何抽象看待排版背后的规则，你就可以把我们前面讲的版式、栅格还有表格逐步融会贯通。你会发现平时你看到的很多设计都可以表格化。

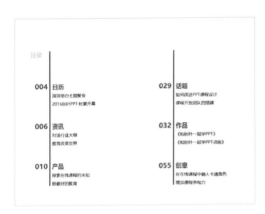

现在有三个案例，页面上的全部内容都在一张表格里完成的，它们的创意来源分别是杂志目录、宣传海报还有网页。

请思考一下，假如是你看到这些图案，能用表格绘制出来吗？

最后我们还提供了一个有创意的表格排版，顺便提供了图解帮助你理解，另外三个你就动手挑战一下吧！

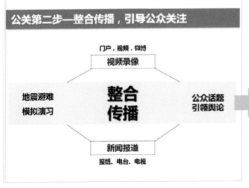

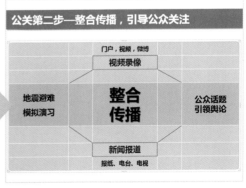

表格与栅格

栅格设计系统（又称网格设计系统、标准尺寸系统、程序版面设计、瑞士平面设计风格、国际主义平面设计风格），是一种平面设计的方法与风格，运用固定的格子设计版面布局，其风格工整简洁，已成为当今出版物平面设计主流风格之一。

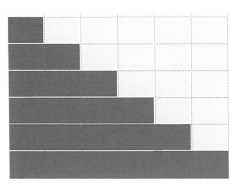

扫一扫进微信
输入"表格特效"立获本节
表格特效最新模板下载链接

栅格是保障元素有效组合的基础。利用栅格可以很简单地对版面的区域进行合理规划和有效安排。

栅格版式

　　无穷尽的栅格组合方式让版面有了无数种排列方式，现在你理解看不见的表格和表格创意的背后的设计学了吗?

5.6　PPT 中的图片

▎图文并茂？真相是滥用图片！

很多人用PPT的一个最重要的理由就是，PPT里面能配图。俗话说"图文并茂"最吸引人，这实在是一个误会，因为你的PPT也完全可能是"文不对图，图不配文"，你去看看时下流行的微博，你看看大部分人配图的水平，就理解我的意思。

你以为图片在思考大家就会思考？

左图的PPT显然是希望通过图片引发大家去思考，但是你确定你会因为一张沉思的3D小人图片，你就会陷入深深的思考，在你的脑海里？

能让你思考的要么是犀利的观点，要么是给力的数据，要么是有故事的图片，而不是"3D小人"。

你以为多堆积图片大家就会认可？

左图的PPT是很多大单位都做过的"表扬与自我表扬"页。说起来领导的要求其实都很简单：把各种奖必须完整、清楚的列到PPT上去。

但是这样的错乱排版，真让人抓狂。

你以为放全屏的大图就能给力？

全图型PPT流行的同时也造成了图片的极度滥用。每次看到这样的图片做背景，都感觉不会再爱了……

请记住：图片也可以干扰视线，让你在阅读时注意力分散，抓不住页面的焦点。

其实最难的不是找图，而是克制自己用漂亮的图片填充页面来掩饰自己思路苍白的真相。

为什么 PPT 中要使用图片

有时我问很多人为什么你的PPT中要使用这张图片，他的答案往往是觉得好看，或者说这张图片有视觉冲击力。但是我们得明白PPT中之所以要用图片是因为一张好的图片会讲故事，可以节约大量的文字去交代背景，从而节约了你的演讲时间。

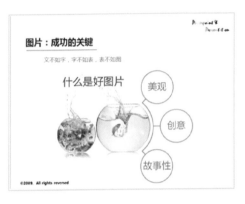

有创意的关联

什么是好图片？要兼顾美观、创意和故事性。虽然这三点任何人都同意，但任何人也都可以理解不一。左边PPT选择的一张获奖广告图片，也许能让你开始有所领悟。

这张配图不仅仅考虑了视觉冲击力，更重要的是它传达的寓意和主题有强烈的关联。这一点对PPT配图选择非常重要。

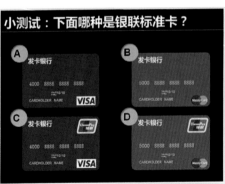

有真实的形象

有时候，你必须选择真实的图片才能具备说服力。比如这页介绍银联卡的PPT，一张有真实感的银联卡图片会让你忍不住掏出自己的卡片进行对比。

越是和工作业务有关的场景，越需要使用真实的图片来展示。

有内涵的故事

不是所有的图片都有故事，你能看懂左边PPT图片想传递的故事吗？

不管你是否理解图片的准确含义，但是有故事的图片可以传递情绪。通过它们，PPT的设计者可以成功地让你进入他的预设思考场。

记住：和平庸的PPT一样，这个世界上充溢着大量平庸的图片，请尽量绕开它们。

什么是有品位的图片

　　同样是在PPT中配图，有的人选择的图片很好看，有的人选择的图片就很难看，为什么图片会显得难看呢？除了图片和文案没有关联性、没有故事性、没有真实感之外，还有没有什么比较容易被忽略的要点呢？

不要滥用剪贴画

并非只要是剪贴画就不好看，而是大部分人选择的剪贴画过于简陋，比如左图这样的剪贴画，有趣吗？

其实卡通型的剪贴画稍微加以处理，也可以变化出有趣的效果。

像左下的剪贴画，配合标题，效果就不错。

用干净的图片

图版率之类的词太过专业，大家只需要知道，右边这样的图片，其缺点就在于背景色太杂乱，无论你想在哪里放置文字，都会与图片产生冲突。如果是右上的图片，背景色相对单一，凸显文字就容易得多，不过这两张图片放在一个PPT中依然存在的着风格不匹配的问题。干净的图片必须风格一致，留下足够设计文字的留白空间。

图片的特效美化

　　合适的图片还需要进行恰当的美化。PowerPoint 2016里内置了28种标准的图片样式美化功能，如下图所示。

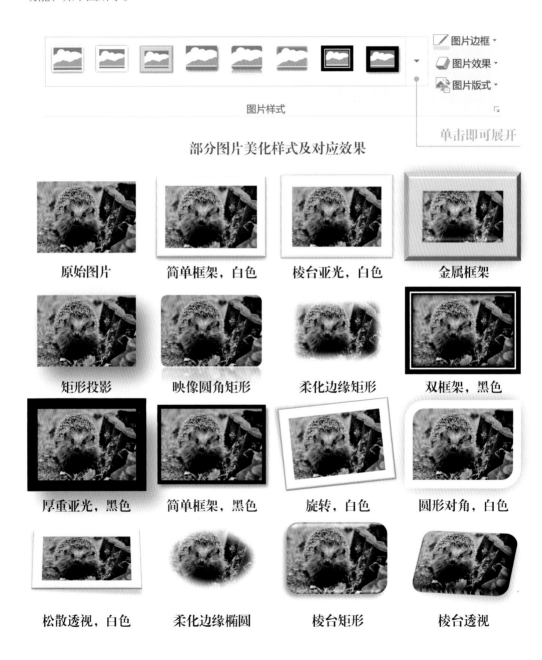

　　其实这些美化效果大都是利用"图片效果"菜单中的不同功能组合制作出来的，一旦你了解了这些功能和不同参数对应的效果有什么不同，自己也可以DIY出更多更合适的美化效果来。

　　让我们先来了解一下这些菜单的作用。另外要说明，形状、线条、文本框、表格都有类似的美化功能，如果名称一样，则美化的用途和操作也相同。

- 预设(P) —— 这里有预设好的图片效果，直接选用即可，类似图片样式
- 阴影(S) —— 设置图片的内外阴影
- 映像(R) —— 设置图片的倒影
- 发光(G) —— 设置图片的外围发光效果
- 柔化边缘(E) —— 柔化图片的边缘，使图片看起来和背景更融合
- 棱台(B) —— 使图片变得有凹凸的立体感
- 三维旋转(D) —— 对图片进行XYZ三个方向的旋转调整

　　预设菜单中默认保留了12种预设格式，还提供了一个进入三维格式的入口，在三维格式中可以设置图片的表面材料效果和表面照明效果。预设的很多效果就是利用这两种效果组合得到的。选择预设效果，然后进入对应的形状"三维格式"查看参数就可以逆向学习。

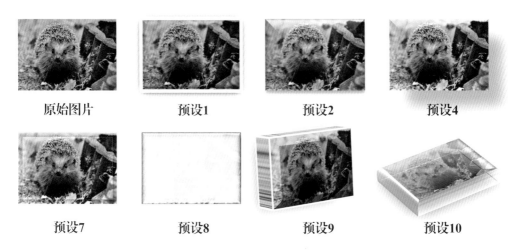

原始图片　　　　预设1　　　　预设2　　　　　　　预设4

预设7　　　　　预设8　　　　　预设9　　　　　　预设10

阴影

可手工设置阴影的颜色、透明度、大小、虚化、角度和距离

右下斜偏移阴影　　向右偏移阴影　　左上斜偏移阴影

映像

可手工设置倒影的透明度、大小、距离和虚化效果

紧密映像，接触　　半映像，4pt偏移　　全映像，8pt偏移

发光

可手工设置发光的颜色、大小和透明度

绿色发光，5pt　　绿色发光，8pt　　绿色发光，18pt

柔化边缘

可手工设置发光的颜色、大小和透明度

5磅　　　　10磅　　　　25磅

棱台

可手工设置棱台效果、棱台深度、轮廓线和表面效果

圆棱台　　　松散嵌入　　　艺术装饰

三维旋转

可手工设置棱台效果、棱台深度、轮廓线和表面效果

右向对比透视　　离轴，2，左　　离轴，2，上

图片的边框美化

　　前面很多图片特效都有调整图片的边框。图片的边框和形状边框一样，可以设置颜色、粗细，甚至是线型。下面看看我们用图片边框制造出来的各种美化效果。

　　说明：线型设置除了调整线条颜色、线宽、线型，还要结合调整线条的联接方式和线头的形状综合设置。

原始图片

蓝色边框，3磅

蓝色，复合线型，6磅

蓝色边框，斜接，9磅

蓝色边框，棱台，9磅

蓝色边框，圆接，9磅

蓝色，复合线型，方点线，2.5磅

蓝色，圆接，虚线，4.5磅

蓝色，复合线型，方点线，线端类型圆形，6磅

图片的裁剪

设计圈有一句话"好图片都是裁出来的！"很多图片直接拿来使用总有不适合，如果能先经过预处理再使用，则常常能化腐朽为神奇。其中最常用的操作就是图片的裁剪。

裁剪：保留图片的局部画面

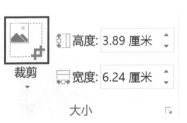

选中图片后进入"图片工具-格式"菜单，单击"裁剪"后图片周边会出现拖动框，拖动裁剪框图片就会沿着不同方向被剪掉你不需要的部分。

关于裁剪的说明：

（1）裁剪只是隐藏所裁的图片，并非删除；

（2）裁剪的图片再次选择裁剪操作，可以反向拉出被隐藏的部分。

（3）裁剪过的照片在保存时如果设置"删除图片的裁剪区域"，则会丢弃这些隐藏区域，可缩小文件的大小。

实例 48　利用反向裁剪调整图片进行背景填充

一般说来，图片的裁剪操作都是向内进行的，通过裁剪来获取原图的某一部分画面。你或许还从来没有想到过，裁剪还能反向向外进行吧？来，让秋叶老师教你一招！

有时我们会下载到左图这样的长条形图片。

这种情况下，我们往往无法像其他大图背景那样将其填充为背景。因为比例不一致，直接填充会变形或丢失画面，只能把它直接摆放在页面上，但这样在进行其他操作时又很容易误选中它，影响效率。

只需两步即可解决这一矛盾：

Step1

进入裁剪状态，反向调整裁剪框至页面等大。退出裁剪，填充白色

Step2

注意看图片选框，已经与页面等大了。现在再将图片填充为背景，即可在保证效果不变的前提下解决这一矛盾了

裁剪为形状

PowerPoint 2016中提供了形状裁剪功能，当你选择"**裁剪为形状**"菜单中的各种形状时，可以把图片变形为各种对应的形状，默认按形状剪去多余部分，且图片比例不会变形。

如形状可编辑顶点，则图片也会自动依据形状变化自动调整适应。当然，如果选择的图片纵横比和裁剪的形状纵横比不一致，裁剪后最终图形会有一些变形。

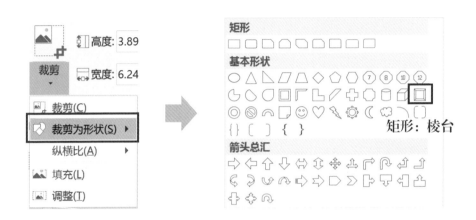

常用的图片裁剪形状

这里列举一些图片裁剪为形状的案例，更多效果，大家不妨自己用图片裁裁试试看。注意最后一个例子——我们并没有对这张图片设置三维格式，只是将其裁剪为"**矩形：棱台**"形状（注意上右图的标注），图片就具有了3D立体感，有没有很惊喜啊？

原始图片　　　　　圆角矩形　　　　　截角矩形　　　　　圆角矩形

梯形　　　　　　　椭圆　　　　　　　心形　　　　　　矩形：棱台

纵横比裁剪

裁剪下拉菜单中的"纵横比"指的是按照特定的比例关系对图片进行裁剪，这些比例均为软件默认设置，无法手工调整，只能在其中进行选择。

按纵横比裁剪过的图片可以继续进行其他裁剪操作，裁剪效果会叠加。

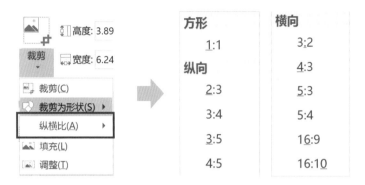

快速利用裁剪制作出PNG小图标效果：

原始图片　　　　1:1裁剪　　　　圆角矩形裁剪　　　加阴影效果　　　加半透明表
　　　　　　　　　　　　　　　　　　　　　　　　　　　　　　　　面材料效果

填充和调整

如果不知道图片是否被裁剪，按填充功能马上显示全部图片，而调整是进入全部图片裁剪状态。

　　　　　　　　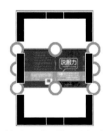

原始图片　　　　　　　单击"填充"显示　　　　　　单击"调整"显示

图片形状裁剪的妙招

用"裁剪为形状"功能可以改变图片的形状，但有一点遗憾就是，该形状会以图片的尺寸为准做最大程度的伸展。

例如，我们想将下面这张图片裁剪为圆形。或许你心里面设想的是裁剪为圆形，但由于原图片的尺寸能容纳的最大圆形是一个椭圆，因此最终这张图片也就被裁成了椭圆。

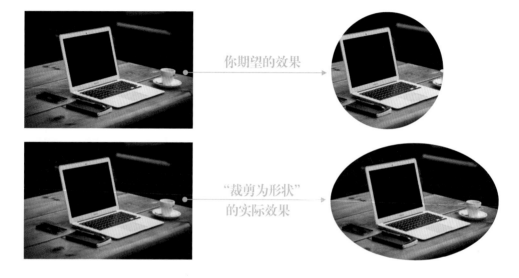

那么，右上图那样的圆形裁剪是如何实现的呢？我们来看下面几种妙招：

实例 49 三种方法得到圆形图片

二次裁剪法：

Step1
将图片按纵横比
1 : 1裁剪，调整
好裁剪位置

Step2
将得到的正方形图片裁剪
为圆形，即可得到圆形图
片

合并形状法：

Step1
绘制与图片等高的圆（如
果是竖图则绘制等宽圆）

Step2
为圆设置一些透明度以便
观察，将其移动叠至图片
上合适位置

合并形状
联合(U)
组合(C)
拆分(F)
相交(I)
剪除(S)

Step3
选中图片，按住Ctrl键，
再选中圆形，使用"合并
形状-相交"，即可得到
圆形图片

　　值得一提的是，前一种方法虽然要裁剪两次显得比较麻烦，但如果感觉不满意，还可以
进入裁剪状态继续调整裁剪的位置；而后一种方法虽然是一次成型，但合并形状之后的圆形
图片无法再做调整，大家可以根据实际情况选择使用哪一种。

使用形状的图片填充

从严格意义上说，这种方法并不算是对图片进行了裁剪，但最终效果可以达到与裁剪一样，所以还是把它作为一种"裁剪"方式在这里给大家列出来。

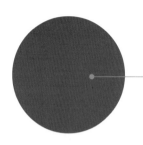

Step1

按住Shift键，使用椭圆工具绘制一个圆

Step2

为圆形选择图片填充方式，并填充图片

● 图片或纹理填充(P)
○ 图案填充(A)
○ 幻灯片背景填充(B)

插入图片来自

| 文件(F)... | 剪贴板(C) |

纹理(U)

透明度(T) ▮——————— 0%

☑ 将图片平铺为纹理(I) ●————

Step3

勾选"将图片平铺为纹理"

☑ 将图片平铺为纹理(I)

偏移量 X (O)	-20 磅 ▲▼
偏移量 Y(E)	0 磅 ▲▼
刻度 X(X)	100% ▲▼
刻度 Y(Y)	100% ▲▼
对齐方式(L)	左上对齐 ▼
镜像类型(M)	无 ▼

☑ 与形状一起旋转(W)

Step4

调整偏移量X的值，使图片内容的位置合适。

可以想象是门上有个圆形的洞，门内有幅画可以上下左右移动，以不同的部分出现在我们的视野中

图片的遮挡设计

　　裁剪的本质就是让图片只保留一部分形状，其实换一种思维，如果不裁剪图片，而是用形状挡住图片的一部分，一样可以让图片看起来拥有别具一格的裁剪效果。

　　如下图所示，只需用一个四边形挡住图片的一部分，就可以得到最后的效果，是不是很简单？

　　把遮挡的形状换成三角形、曲线，或者其他形状，和图片组合到一起，我们就可以得到各种各样的裁剪设计了。

图片填充说明：

第一幅设计用矩形形状挡住图片，再叠加小图片。

第二幅图片用曲线矩形挡住图片，留出空间写文字。

第三幅图片用三角形挡住底部的图片，使文字和背景的对比度更加强烈，单一色调也有助于聚焦视线。

图片的颜色调整

　　有很多图片很漂亮，但是和自己PPT模板的底色不协调，如果直接拿过来用，效果不好，不用又可惜。这个时候就可以考虑用PPT的图片颜色调整功能把图片美化一下。

　　颜色饱和度： 颜色越饱和色彩越艳丽。

　　色调： 从左到右分布从冷色调到暖色调过渡。

　　重新着色： 可以让PPT的封面利用不同的颜色重新刷新，包括冲蚀、黑白水印等效果。

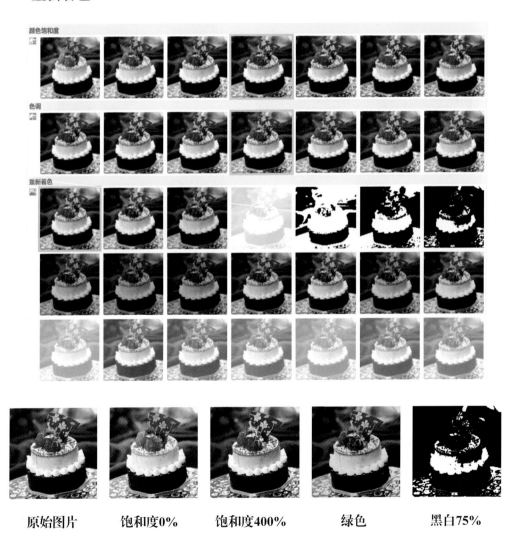

| 原始图片 | 饱和度0% | 饱和度400% | 绿色 | 黑白75% |

图片的锐化和明亮度调整

　　有些找到的图片清晰度不够，或者表现力还不够，可以考虑试试图片菜单里面的"锐化"效果，也许能让图片变得更加清晰，图片细节更富有表现力。

　　锐化

　　有时候，找到的图片用"亮度"或"对比度"菜单处理下，可以让图片在投影效果下更加清晰，特别是投影仪老化的情况下，可以通过加强图片对比度和亮度弥补。

亮度-40%，对比度-40%

亮度0%，对比度-40%

亮度40%，对比度-40%

亮度-40%，对比度0%

亮度0%，对比度0%

亮度40%，对比度0%

亮度-40%，对比度40%

亮度0%，对比度40%

亮度40%，对比度40%

图片的艺术效果

PowerPoint 2010以后的版本提供了图片艺术效果美化功能，可以为图片增加各种类似滤镜后的效果，合理使用这些充满艺术感的艺术效果，可以打造出各种风格的文艺范。

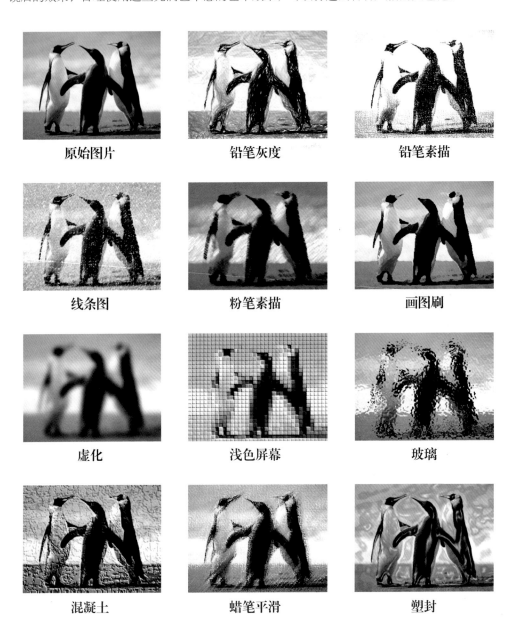

原始图片　　　　　　铅笔灰度　　　　　　铅笔素描

线条图　　　　　　粉笔素描　　　　　　画图刷

虚化　　　　　　浅色屏幕　　　　　　玻璃

混凝土　　　　　　蜡笔平滑　　　　　　塑封

利用图片调整功能的PPT设计案例

未重新着色前，文字根本看不清

美式足球

美式足球在中国大陆较多译为美式橄榄球，是在美国流行的一种由英式橄榄球衍生而来的竞技体育运动。美式足球与加拿大式足球十分相像，两者常常被一起并称为烤盘足球。美式足球比赛的目的是要把球带到对手的"达阵区"得分，主要用持球或传球两种方式。得分方法有多种，包括持球越过底线，传球给在达阵区内的队友，或把球踢过两枝门柱中间射门。比赛时间完时得分较多的一队胜出。由于球赛中球员往往会与对方有激烈的身体冲撞，因此需穿护具及头盔出赛。

重新着色-冲蚀，文字得到显现

用艺术效果图片可以很好地表达文艺情绪

淡淡的铅笔素描感觉的图片有时光感

第一张用彩色照片，再叠一张艺术效果

利用动画出现覆盖可体现时光流转

PPT 中的抠图（去背景色）

有时我们找到的图片会有一个纯色的背景（白底），直接放在PPT里使用，一是显得很死板，二是还可能会挡住你要展示的内容，这时我们就可以利用图片颜色菜单里的**"设置透明色"**功能迅速去掉相近的背景颜色，相当方便快捷。不过，由于这一操作对颜色的容差很小，所以哪怕背景色稍有深浅变化，调整后都会残留毛边。

放在灰色上还不觉得

放在黄色上，能看到
白色的毛边

比残余毛边更难以接受的是，如果你的图片主体部分与背景色有相同颜色，将背景色设置为透明时，PowerPoint会不管三七二十一，连同主体部分的同色画面全部设置成透明。

对图片的白色背景设置透明色
（选定命令后单击白色背景）

由此可见，"设置透明色"功能更适用于对一些分辨率要求较高的平面设计作品使用，因为这些设计作品中，由于要强调主体图标、Logo，背景色往往都使用的是单一的纯色，且与前景色有较大区别。而在真实的照片中，由于光线的影响，很难存在绝对的纯色背景，要为照片进行抠图，就得用到更强大更专业的功能**"删除背景"**了。

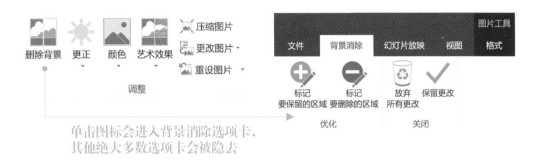

单击图标会进入背景消除选项卡，
其他绝大多数选项卡会被隐去

那么，这些按钮都是怎么使用的呢？"删除背景"的抠图效果如何呢？我们还是一起来看一个实例吧！

 实例50 利用**"删除背景"**功能进行抠图

Step1
将需要抠图的图片插入
PPT页面

注意：本例中使用的软件是**Office 365**中的**PowerPoint 2016**的版本，删除背景功能有所增强，如果你使用的不是该版本则可能存在少许差异。

Step2

使用"裁剪"命令，裁剪出要保留的主体图像。在旧版中，这一操作可以在"删除背景"中完成。新版已取消此功能，所以需要先单独进行裁剪

Step3

单击"删除背景"，图片会自动进入"删除背景"模式并自动识别用紫色覆盖删除内容，高亮保留内容，但显然存在误差

注：旧版无法自由涂抹，只能通过绘制直线的方式来标记。

Step4

单击"标记要保留的区域"，光标会变成绿色画笔样式，在想要保留的区域进行涂画，抬笔后误差得到修正

Step5

反复涂画，直到咖啡杯主体被精确地高亮显示出来。细心观察，咖啡杯柄内部空间应被删除，但此时却被高亮保留

Step6

单击"标记要删除的区域"，光标变成红色画笔，在杯柄内部涂画，将其镂空删去

Step7

单击"保留更改"或直接单击图片外的区域退出删除背景模式，抠图完成

图片的 SmartArt 版式

从PowerPoint 2013开始，SmartArt图形选项中提供了图片版式选项，这使得我们不但可以根据需要插入SmartArt样式添加文字和图片，也可以框选数张图片将它们直接转化为某种特定的SmartArt样式。

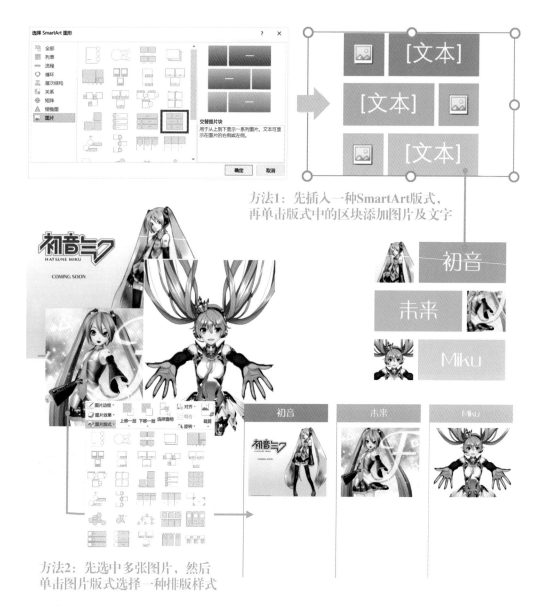

方法1：先插入一种SmartArt版式，再单击版式中的区块添加图片及文字

方法2：先选中多张图片，然后单击图片版式选择一种排版样式

实例 51　**利用"图片版式"功能 10 秒统一图片尺寸**

手中有几张图片，大小和比例各不一致，想要把它们的尺寸裁剪到一样大小，什么方法最快？

你是不是会把两张图片叠在一起，对齐左上角，拖拉小图右下角，直到它们高度相等，然后去裁掉大图冒头的部分？看完这个案例，你就知道自己白白浪费了多少时间！

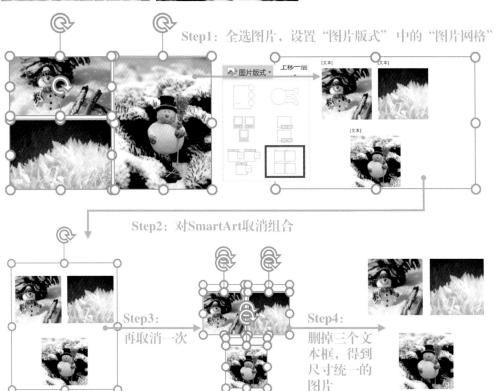

Step1：全选图片，设置"图片版式"中的"图片网格"

Step2：对SmartArt取消组合

Step3：再取消一次

Step4：删掉三个文本框，得到尺寸统一的图片

5.7　PPT 中的动画

幻灯片中的动画

　　假如一份幻灯片的动画特效做得特别出彩的话，往往会得到普通人的一致认可，哪怕这份幻灯片里大部分内容仅仅是文字，只要加上灵动的动画效果，配合节奏鲜明的音乐，也能让人看完大呼过瘾！如果你对此还有所怀疑，不妨扫码观看一下这份《和秋叶一起学PPT动画》的开发教师@有乐 制作的文字快闪PPT动画，看完你就明白了。

　　很多网友评论说："哇，做得真好，还以为这样炫酷的动画只能用Keynote才能做出来，没想到用PowerPoint也可以完成！" 如果你也有这样的想法的话，那么秋叶老师要告诉你一点：要做出这样的动画作品，和你对各种基础动画的理解程度有关，和你安排各种动画的顺序和节奏的把控能力有关，而与你使用的制作软件关系不大。否则，你即使用上Keynote，一样也做不出这样的PPT动画作品。

　　做出一流的动画是否要掌握很多技巧？答案也是否定的。在《和秋叶一起学PPT动画》课程中的MG转场动画一节里，@有乐 老师仅仅使用"缩放"和"飞入"等少量基础动画，就制作出了各种各样的转场动画效果。

　　想做出很酷的动画，除了创意，你得理解什么是动画。如何用简单的顺序切换引导或欺骗观众的眼睛？多快的节奏能够恰当好处？多大的文字信息量刚好适合阅读？不同的切换有哪些匹配的动画切换方式？如何用这些方式去讲一个完整的故事？即使以上问题都有标准答案，也需要你亲身体验、动手反复摸索，才能成为自己的经验。

使用幻灯片切换动画

如果觉得前后两页幻灯片的切换方式太过平淡，可以考虑使用PowerPoint中种类丰富、效果绚丽的幻灯片切换动画。在菜单功能区上选中"**切换**"选项卡，就能在切换效果库中看到各种类型的切换动画效果。

PowerPoint当中包含了"细微型""华丽型"和"动态内容"三大类30多种切换动画效果。细微型的切换效果与早期版本中的切换动画比较类似；华丽型的动画效果则大多比较富有视觉冲击力，也是多数人喜爱使用的效果类型；动态内容的切换类型会对幻灯片中的内容元素提供动画效果，有时也被用来为页面中的图片等对象提供切换效果。

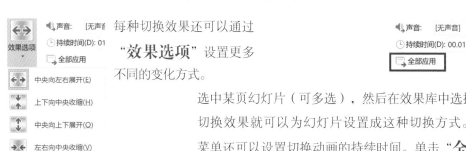

每种切换效果还可以通过"**效果选项**"设置更多不同的变化方式。

选中某页幻灯片（可多选），然后在效果库中选择一种切换效果就可以为幻灯片设置成这种切换方式。通过菜单还可以设置切换动画的持续时间。单击"**全部应用**"可以为所有幻灯片应用这种切换动画。

几种华丽型切换效果示意

涡流

涟漪

蜂巢

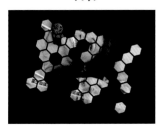

切换

库

立方体

框

门

Office 365中PowerPoint的切换新贵——平滑

在新版本中，微软为PowerPoint新增了一款切换效果，在广大PPT动画爱好者中掀起了一阵狂潮，这一效果就是"**平滑**"（最初叫"变体"，后改名"变形"，最终改为此名）。

使用"平滑"效果，可以在PPT相邻页的相同元素之间建立一种特殊的联系，翻页时产生一种平滑过渡的效果，给人感觉非常流畅和优雅。如果你愿意花一些时间去研究，甚至还能做出华丽得令人发指的文字云拼合动画，而这些在以前可能需要设置上百动画步骤才能达到的效果，现在只需要添加一个切换效果而已。现在你知道为什么那么多PPT动画发烧友为之疯狂了吧！

形状位置、大小、颜色的平滑过渡

从圆到方的过渡（实际上均为圆角矩形改变控点位置所得）

文字位置大小的平滑过渡+文字云效果

文字的动画

通常来讲，文字内容是表达幻灯片主要信息的载体，对文字使用太多的动画效果反而会分散观众的注意力。对于标题类的文字可以适当使用淡出、缩放、透明等比较柔和的动画效果；对于需要特别强调的文字，可以借助脉冲、放大或变色等动画来实现。

文字动画的顺序

对于文字动画来说，不同的动作顺序会带来不同的视觉效果。在PowerPoint当中可以设置文本框中的文字内容按整个段落来一起产生动作或按照其中的字词或单个文字分别进行动作。

在动画动作的效果选项中可以为文本内容设置"整批发送""按字/词"或"按字母"三种不同的顺序方式。

效果选项-动画文本

除了词句之间的顺序差别，如果文本框内包含多个文字段落，还可以通过选项来设置不同段落间的动画顺序。

在"动画"选项卡的"**效果选项**"下拉菜单中可以为段落文本设置"作为一个对象""整批发送"或"按段落"三种不同的序列方式。选择"按段落"方式的话，动画窗格中原先的文本动画动作会被拆分成多个动作，每个段落的动作可以分别设置。

实例 52　为文字设计"缩放"动画

选中文字所在的文本框，在菜单功能区上选中"动画"选项卡，在效果库中添加"缩放"效果。

Step1
选中文本框，添加动画

然后在"动画窗格"面板中选中刚才所添加的动作，单击右键，在右键菜单中选择"效果选项"命令，在打开的对话框中将"效果"中的"动画文本"设置为**按字母**，最后在下方设置延迟百分比为15%（各文字之间动作的间隔时间）。整个动画方案设置完成。

Step2
右键-效果选项
也可直接双击动画动作打开

Step3
按字母，15%延迟

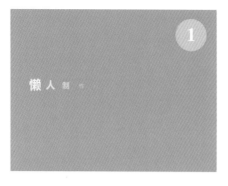

实例 53　　**为文字添加"飞入 + 脉冲"动画**

选中文字所在的文本框，在菜单功能区上选中"动画"选项卡，在效果库中添加"飞入"效果，然后在右侧的"效果选项"下拉菜单中选择"自顶部"方向。

| 文件 | 开始 | NT | 插入 | 绘图 | 设计 | 切换 | 动画 |

预览

预览　　无　　出现　　淡出　　飞入　　浮入

Step1
动画－飞入

动

Step2
效果选项-自顶部

Step3
动画-添加动画-脉冲

注意：此时不可在工具栏上的动画列表框里直选，那样只会修改前一个动画，而不会叠加新的动画。

　　继续为文本框添加"脉冲"强调动画。在"动画窗格"中双击第一个动作，在弹出的对话框中将"动画文本"设置为"按字母"，延迟15%，然后设置0.3秒的"弹跳结束"。

Step4
设计"飞入"动画的效果选项，包括"弹跳结束"和"动画文本"

　　双击"动画窗格"中的"脉冲"动作，在弹出的对话框中将"动画文本"设置为延迟15%，然后单击此窗口顶部的"计时"标签，设置"开始"为"上一动画之后"，单击确定。至此整个动画方案设置完成。

Step5
动画文本–15%延迟

Step6
上一动画之后

动画演示效果：

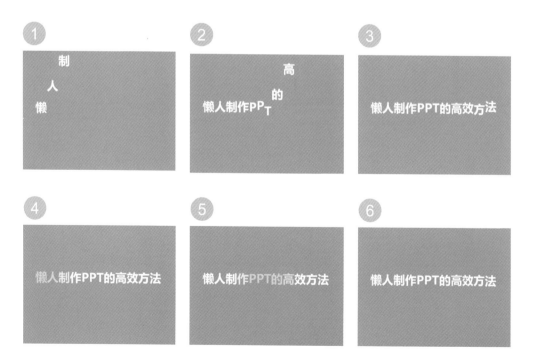

图片的动画

　　为图片添加动画可以提升图片的动感和美感。对于图片来说，在幻灯片中常用的动画设计包括两大类，一类是不同图片之间的切换，另一类是图片自身的显示和消隐。对于前者，常用的动画效果包括飞入/飞出、浮入/浮出等，也可以利用幻灯片切换中的**"动态内容"**来实现。而对于后者，常用的动画效果包括淡出、擦除、缩放、劈裂、翻转式由远及近等。

实例 54　图片的滚动切换

　　要设计多张图片滚动切换的效果，可以直接利用幻灯片切换方式中的"动态内容"来实现，这是 PowerPoint 2010 版中的新增功能。

　　下面让我们看看如何制作这个动画效果。

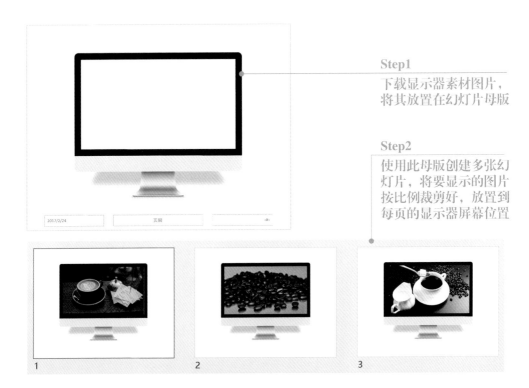

Step1
下载显示器素材图片，将其放置在幻灯片母版

Step2
使用此母版创建多张幻灯片，将要显示的图片按比例裁剪好，放置到每页的显示器屏幕位置

接下来选中除第一页以外的幻灯片，在"切换"选项卡中选择"动态内容"中的"窗口"效果。这样就完成了动画方案设置。

Step3
设置"动态内容-窗口"

动画演示效果：

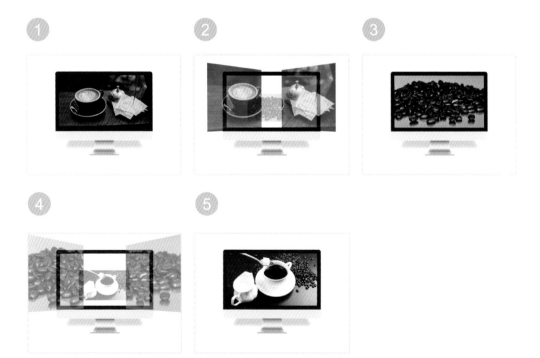

实例 55　使用图片制作过场动画

如果在幻灯片中使用图片作为各个逻辑单元的形象指代，也许会需要在不同单元之间的切换位置增加一段**图片过场动画**来增强逻辑意义上的分隔感。

使用图片制作过场动画时，关键点是突出其中的重点图片，弱化其他的非相关图片，并且要强调这种重点转换的过程。通常的手法包括出现/消失、放大/缩小、彩色/黑白等对比方式。

下面是一页包含四张图片的幻灯片示例：

首先，同时选中四张图片，在"动画"选项卡中单击"添加动画"，在"进入"效果中选择"飞出"，然后在"效果选项"下拉列表中选择"自右侧"方向。

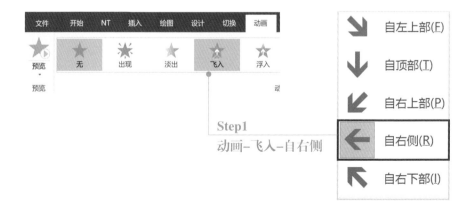

　　此时所有图片是同时飞入的。在动画窗格中选择所有动作，将"计时"功能区中的"开始"设置为"**上一动画之后**"，并将持续时间设置为0.25秒，还需要调整动画窗格中各张图片的动作顺序，确保四张图片从右向左依次开始动作。

Step2
上一动画之后

Step3
调整动画顺序

　　接下来，复制右侧三张图片，并将复制出来的图片通过重新着色功能设置为茶色（或其他接近背景颜色的较浅颜色），然后将复制的图片整齐覆盖在原图上。

注意： 复制图片的同时也会复制它们已被赋予的动画，故此时三张变色后的图片也是有"飞出"动画的。

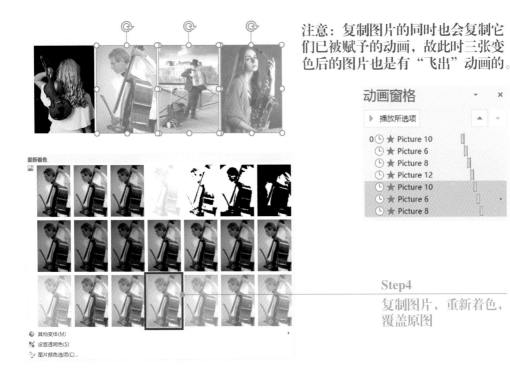

Step4
复制图片，重新着色，
覆盖原图

同时选中这三张浅色图片，将它们的动画更改为"淡出"，并将开始方式设置为"与上一动画同时"，"延迟"设置为0.5秒。

再次提醒大家注意：在动画选项卡工具栏上直接选择动画效果会替代该对象之前已被赋予的动画效果；而在"添加动画"下拉菜单里选择动画效果则是在原动画之后叠加。

现在我们需要更改动画，自然应该在工具栏里去选择"淡出"。

Step5
更改动画

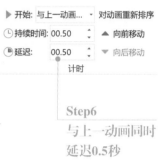

Step6
与上一动画同时
延迟0.5秒

此时的动画窗格
带'的是重新着
色后的图片

接下来的工作是复制第一张图片，也就是需要重点突出的图片，将复制的图片放大，增加边框、阴影效果，裁剪为圆角矩形，并覆盖到原图上方。然后将其动画更改为"进入效果-缩放"，同样选择"与上一动画同时"。至此整套动画方案设置完成。

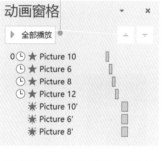

Step7
复制放大图片，修改
样式，更改动画

Step8
与上一动画同时

动画演示效果：

上面这组动画突出显示了第一张图片，对于其他过场位置而言，可以参照这种方式制作突出另外几张图片的过场动画。有了上面这组动画的基础，在制作其他几组动画时并不需要大费周折，在原有基础上增加几张重点图片的动画动作即可。此外还可以利用"**动画刷**"功能在两个对象之间复制动画方案。

动画刷可以在不同对象之间复制动画方案。选中已有动画方案的对象A，单击动画刷，再点向对象B，则可将对象A的所有动画复制到对象B上。

整套过场动画制作完成如下：

设计文字目录动画

文字目录动画的意义与图片过场动画类似，也是需要通过不同文字的虚实反差对比来突出某些逻辑段落的切换。除了单纯的文字动画以外，也可以增加一些形状或图示的动态变化来增强视觉效果。

下面是一页包含三段目录图文框的示例。

实例 56　使用"进入"和"强调"打造文字目录动画

1	听众关心自己的利益
2	听众关心有趣的东西
3	听众关心熟悉的事物

目录 Contents

首先选中3个数字文本框，在"动画"选项卡工具栏上为其设置进入效果"淡出"。再次强调，对象首次设置动画时可以直接在选项卡工具栏上设置，但仅限首次。

Step1
设置进入动画-淡出

选中另外3个文字图文框，为其设置进入效果"擦除"，在右侧"效果选项"中选择"自左侧"。然后在"动画窗格"中选中所有6个动作，将开始方式设置为"**上一动画之后**"，"持续时间"设置为0.5。同时还要调整6个动作的顺序，将3个文字动画分别放置在每个数字动画之后。

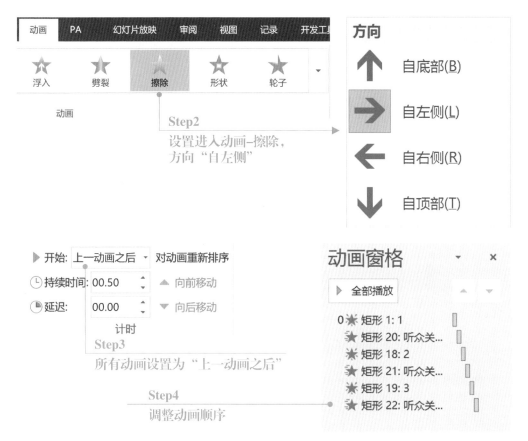

接下来，同时选中第二段和第三段的数字和文字图文框，单击"添加动画"，选择强调效果"变淡"。

再同时选中第一段的数字和文字图文框，单击"添加动画"，选择强调效果"填充颜色"，并在"效果选项"中将文字颜色设置为"橙色"。

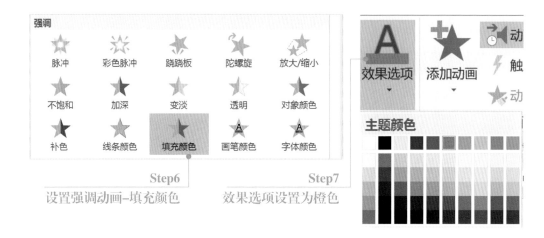

Step6
设置强调动画–填充颜色

Step7
效果选项设置为橙色

在"动画窗格"中选中最后6项动作，将动画开始方式设置为"与上一动画同时"，"持续时间"设置为0.5，"延迟"设置为0.5。至此完成整组动画的设计。

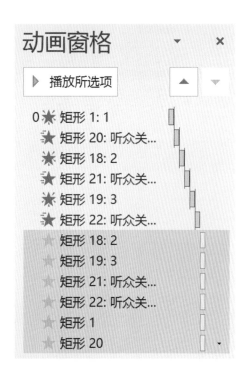

Step8
把"持续时间"和"延迟"都设置为0.5

　　上述这组动画强调突出了第一段落的内容，在行进到第二段落和第三段落的幻灯片过场位置时，需要参照上述方法继续制作另外两页目录动画页，形成整套目录切换动画。

　　上述目录动画的最终显示效果如下。

动画演示效果：

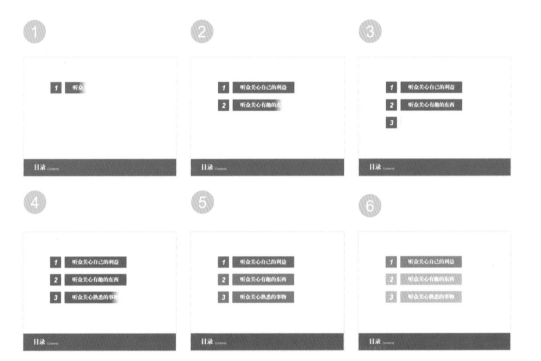

相信你也看出来了，对于大部分工作型 PPT 来讲，适当使用动画可以更好地引导听众跟上我们演讲的进程，关注我们想要展示的要点，这也是我们为 PPT 设计动画的准则。如果觉得书中动画效果截图看起来不够直观，在"秋叶 PPT"公众号回复"图书案例"，可获取本书所有案例源文件哦！

使用图表动画

虽然在Excel或PowerPoint中都能创建和展现各种图表，但在幻灯片中展现的图表所具有的一个独特优势就是可以使用PowerPoint中的动画功能。如果希望图表的展现方式更加生动、更具有层次感，或是需要强调其中的某一部分，就可以利用幻灯片中的动画功能来实现。

 实例 57 为饼图添加动画

饼图的图形由同一个圆心的多个扇形形状所组成，比较适用的动画方案是那些具有圆形中心的效果类型，通常会为饼图选择的动画效果是"轮子"。

选中幻灯片中的饼图图表后，在菜单功能区上切换到"动画"选项卡，然后在"动画"库中选择进入效果**轮子**"，就可以为图表创建效果为轮子的进入动画。

在 "动画窗格"中双击刚才所添加的动画动作，弹出"效果选项"对话框，单击对话框顶部的"图表动画"选项卡，在"组合图表"的下拉框中选择"按分类"选项，并取消勾选下方的复选框。这样，饼图中的每个分类扇区就可以依次分别显示轮子的动画效果。

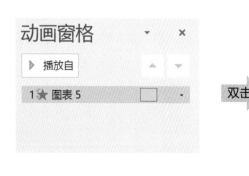

　　此时，动画窗格中原有的单一动画动作会变成一组动画序列，单击箭头可以展开显示这组动画序列的各部分内容。其中的各个动画动作就对应了饼图中各个扇区的动画效果序列。我们可以为每个扇区指定不同的动画启动方式、动画时间、声音效果等设置，也可以单独删除其中的某一个或多个扇区动画。

　　经过上述设置，在幻灯片播放过程中，饼图中的每个扇区会依照设定的启动时间和方式依次以轮辐的方式动态展开各个扇区形状。

动画演示效果：

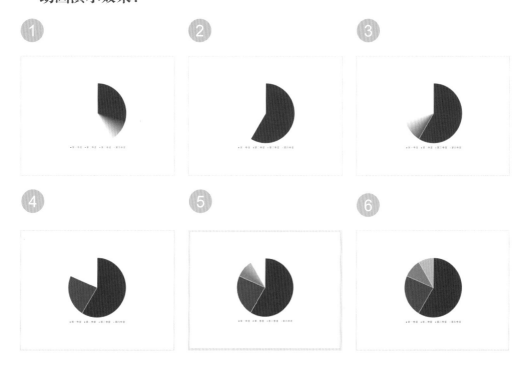

实例 58 为柱形图添加动画

为柱形图添加动画的操作方法与上述基本相同，先整体设置动画，再设置"按分类"即可。为了表示数据的增长，通常会选择**"向上擦除"**的动画效果。

切换　　动画　　PA　　幻灯片放映　　审阅　　视图　　记录　　开发工具　　IS8

飞入　　浮入　　劈裂　　擦除　　形状　　轮子　　效果选项

动画

动画演示效果：

如果想要在柱形图中重点强调某个柱形数据，可以将其他柱形的动画序列删除，仅保留需要强调对象的动画效果。

如果柱形图中包含**多个数据序列**，在"图表动画"的下拉选项中还可以选择"按系列""按分类""按系列中的元素"和"按分类中的元素"四种不同的动画方式。

按系列动画效果：

按系列中的元素动画效果：

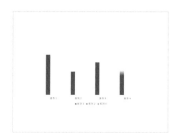
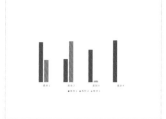

按分类中的元素动画效果：

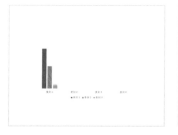

SmartArt 的动画设计

　　SmartArt图形从本质上来看就是组合在一起的形状，在为SmartArt图形设置动画时，既可以让整个对象产生动作效果，也可以让其中的各个形状模块分别动作。如果需要在演示中依次展现SmartArt图形中的各个部分，通常采用后者这种方式，常用的动画效果包括淡出和擦除等。

实例 59　为 SmartArt 添加逐个淡出动画

　　首先，选中整个SmartArt图形，为其添加进入效果"淡出"。

Step1
添加"淡出"动画

　　然后在"效果选项"下拉菜单中选择"**逐个**"方式，在动画窗格中可以看到原先的单个动画动作被分拆成了一组动作，其中包含SmartArt当中各个组件的动作。

动画演示效果：

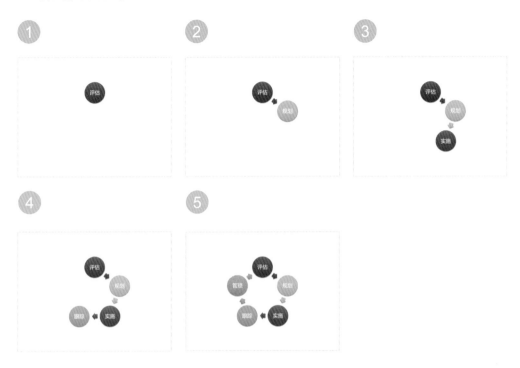

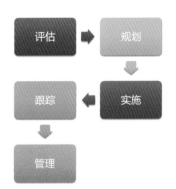

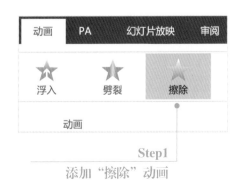

实例 60　**为 SmartArt 添加逐个擦除动画**

与淡出效果不同，使用擦除的动画效果因为具有方向性，需要根据SmartArt中各个形状的不同布局方向来调整方向。首先还是为整个SmartArt图形设置"擦除"进入动画。

Step1
添加"擦除"动画

然后同样还是在"效果选项"下拉菜单中选择"逐个"方式，将原先的单个动画动作分拆成为SmartArt当中各个组件的动作。

根据各个组件的布局方向，在动画窗格中选中每一个动画动作，为其设置动画方向。

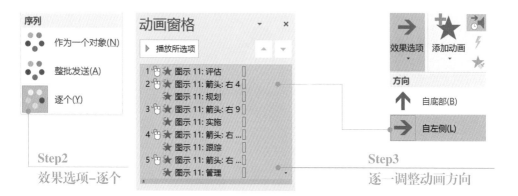

Step2
效果选项–逐个

Step3
逐一调整动画方向

最后选中所有动作，将"开始"方式设置为"上一动画之后"，完成动画设置。

动画演示效果：

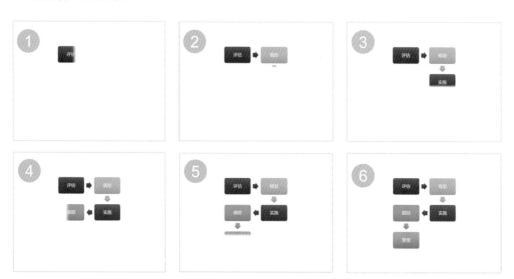

和秋叶一起学PPT

怎样准备

CHAPTER 6

分享更方便

这一章，告诉你分享 PPT 的绝招！

你会遇到这些问题吗？

完成PPT后需要立即与领导沟通，领导正在外地考察，他要到晚上才能收电子邮件。有什么办法让领导马上就看到我的PPT呢？怎么办？

我的PPT做了很多特效，也用了漂亮的字体，但是搬到别人的电脑上，这些字体都没有了。还有，我还想在iPad上演示我的PPT，但是播放出来的效果真的好难看呀，怎么办？

PPT做完了，要放在另一台电脑上播放，但是这台电脑没装Office软件，怎么办？

我想把PPT放到网上去分享，有什么办法既能不被修改，又可以完美保留动画音乐效果？怎么办？

我做的PPT文件体积都好大，随便就是200～300MB啊，有什么办法让文件体积变小一点吗？怎么办？

有些颜色在投影的时候看上去还分得蛮清楚的，但是在黑白打印稿里面看会混在一起。怎么才能避免这种情况呢？如果讲义一页打印4个PPT，看上去有点小，有没有办法打印得大一些？PowerPoint默认讲义一页最多打9个PPT，能不能再多一点呢？

现在智能手机和平板电脑那么流行，我想要是能用智能手机做演示，那该多方便啊。有什么办法可以把我电脑上的PPT转移到手机或平板电脑上去播放呢？

我不想每次用投影仪的时候都要把那根线插上拔下，而且如果会议室里有好几个人都要用投影仪，拔来拔去实在是太麻烦了，有没有什么好办法让我省力一点。

……

如果你也有这些苦恼，非常好，这一章就是为你准备的！

6.1 如何保护你的 PPT 文件

如何不让无关人员随意打开你的文件？如何告诉同事，某个文件不要修改？如何删除那些编辑过程中留下的痕迹，比如备注信息？如何恢复来不及保存而丢失的文件？这些功能都可以在"文件"菜单里的"**信息**"选项里设置。

文档属性： 显示文件大小、页数、标记、类别、创建日期、最后修改日期、作者、修改者。

相关文档： 当PPT引用了外部文件，查看一下相关文件，就会发现哪些文件在你引用后被更改了，通过刷新链接的方式，把外部文件刷新成最新版本。

最常用的
PowerPoint文件加密方式

标记为最终状态： 起警示作用，告诉其他用户不要再编辑了，但是其他用户可以取消标记，再次编辑

用密码进行加密： 不知道密码或忘记了密码，是绝对不可能打开这个文件的（请牢记自己的密码，虽然网上有解密软件，但是效果很差，请你不要轻易尝试）。密码需要输入两次且两次输入相同才会生效。如果你需要其他用户打开这个文件，请告知他密码。

按人员限制权限： 通过按人员设置权限，可以给予相关人员不同的权限，有的可以阅读编辑，有的只能阅读，没有给予权限的人就不能打开文件。前提是你要有一个Windows ID。

添加数字签名： 保密级别最高，但需要购买微软支持的数字签名服务。

快速检查文档中的无用信息（例如删除备注信息）

在"文件"菜单里有一个"检查问题"选项，其中**"检查文档"**功能可以检查文档中是不是有个人信息、批注、备注等信息，如果有，可以一键删除。用这个方法来一键批量删除页面中的批注或备注是最方便的。

检查文档(I)
检查演示文稿中是否有隐藏的属性或个人信息。

检查辅助功能(A)
检查演示文稿中残疾人士可能难以阅读的内容。

检查兼容性(C)
检查是否有早期版本的PowerPoint 不支持的功能。

单击"检查文档"会出现一个检查项提示菜单，选择你想检查的项继续操作，就可以弹出如下图所示的对话框，删除你想清除的内容即可。

如果PPT是针对老年人或弱视人群制作的，可以用**"检查辅助功能"**确定是否足够清晰。

"检查兼容性"则是为了使较高版本的文件在较低版本的软件中也可以编辑，我们不仅要把文件储存为低版本的文件格式，还要检查会不会出现不兼容的情况及哪里不兼容，判断这些效果一旦缺失，PPT是否还在可接受的范围内，需不需要现在就立即修改。

如何设置文件自动保存?

你是否常常会遇到这样的情况:聚精会神工作了4个小时,电脑突然死机了! 可是PPT还没有保存啊,没有保存!

还有一种更郁闷的情况:关闭文档的时候不小心选择了"不保存"! 又或是还没有保存文档就关掉了电脑!

这种烂事太影响心情了,其实这都怪你自己啊,为什么不设置自动保存呢?

这些功能在"文件"菜单里面的"选项"功能"**保存**"对话框中可以设置。

设置自动保存时间间隔为10分钟,并且把"如果未保存就关闭,请保留上次自动保留的版本"选上,这样,PowerPoint每隔一段时间就会自动保存一下,也就不怕发生什么意外造成信息丢失了。

"文件-信息"菜单中"**管理版本**"功能提供了另一个额外的好处,因为每次自动保存,都会以一个单独的临时文件的形式将该时间点的版本保存下来,如果你修改文件后过了一段时间又后悔了,而"撤销"步骤显然已经不够用,想恢复到某个时间点以前的版本,可以使用版本管理,退回到某个时间点软件自动保存的版本。

6.2　PPT 云储存

安装 OneDrive 客户端

如果你的电脑上安装的是Windows 10系统，那么OneDrive已经内置于系统中了，单击左下角Windows标志即可在开始窗口中找到OneDrive程序，单击打开后即可用你的微软账号登录OneDrive客户端。

与此同时，系统还会自动打开你的OneDrive本地文件夹，随时准备进行同步。

即使未登录也可以在OneDrive本地文件夹进行操作，只是暂缓同步而已

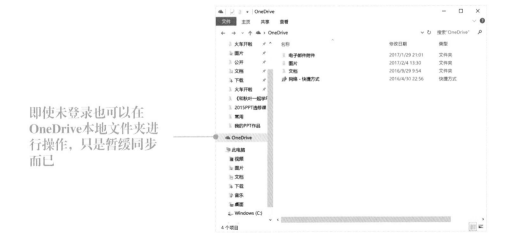

单击任务栏右下角"显示隐藏的图标"按钮，可以看到此时OneDrive已经运行，但图标还是灰色"未登录"状态，当你登录后，图标会变成白色。

未登录的OneDrive

正在登录...

单击显示所有图标

登录成功

登录后的OneDrive文件夹图标左下角都会出现绿色对勾符号

在登录状态下，OneDrive会自动把本地文件夹中的文件同步上传至网络，这样你就可以在另外一台电脑上下载和打开这个文件，继续进行编辑。或者，共享给其他用户，这样他就能编辑这个文件了。

当Windows任务栏里OneDrive的图标变为左侧样式时，就表明此时有文件正在上传至网络

如果你的电脑不是Windows 10系统，未安装OneDrive客户端，又或是换用其他电脑需要继续编辑时，那台电脑上没有OneDrive，你也可以直接登录到OneDrive网页，通过网页上传、下载及管理OneDrive中的文件。

直接在 PowerPoint 里保存文件至网络

事实上，如果你需要保存的是PowerPoint文档，而非电脑上的其他文件的话，也可以直接在PowerPoint中实现文件的上传保存。

单击"文件"，然后选择"另存为"，即可选择自己的OneDrive进行保存。选择后还能看到其中的分类文件夹，和保存到本地文件夹在操作上没有任何区别，非常方便。

如果使用的是他人电脑，PowerPoint登录的不是自己的账户，或处于未登录状态，单击"添加位置-OneDrive"，即可弹出对话框，输入Windows ID 登录后即可进行保存。

通过 OneDrive 共享文件

　　考虑到不是所有人都安装了Windows 10及OneDrive，这里的案例使用网页版OneDrive操作。单击OneDrive内文件缩略图右上角的空心圈，将其变为勾选状态，单击"共享"即可弹出共享选项窗口——注意不要直接点到文档缩略图上了，那样会直接跳转到PowerPoint Online打开文档。

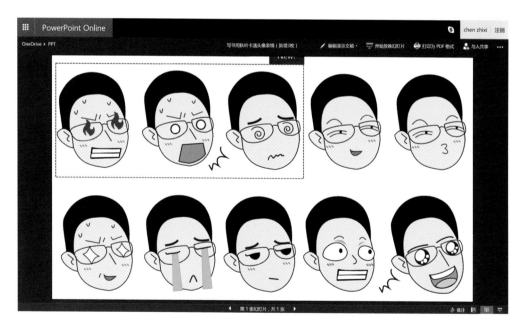

　　当然，如果你是有需要进行在线编辑的话，也可以这样做，单击"编辑演示文稿"即可选择在网页上对PPT进行简单的编辑制作。

准确勾选文件并单击"共享"按钮后，会弹出共享选项对话框，可以选择"获取链接"或"电子邮件"两种方式。单击"更多"还可以直接分享到社交媒体。

这里只谈"获取链接"和"电子邮件"两种最常用的分享方式。

单击"**获取链接**"稍等片刻，OneDrive会生成一条下载网址链接，单击"复制"可以直接复制，以便发送给他人下载。如果不想他人编辑此文档，可点开上方的"拥有此链接的任何人都可以编辑此项目"，去掉"允许编辑"前的勾，重新生成链接。

单击"**电子邮件**"则会跳转到新的窗口，在这里填写收件人的邮箱地址及附言，单击"共享"，收件人的邮箱即可收到一封带有下载链接的邮件，通过这个链接即可下载此文件。这种方式同样受到上一窗口中是否"允许编辑"设置的限制。

通过 PowerPoint Online 协同工作

如果只有存储和分享的功能，那OneDrive跟其他网盘没有什么区别。不过，正是因为有了前面我们看到的PowerPoint Online，使OneDrive与其他网盘有了本质的不同。

通过PowerPoint Online我们可以同时多人在线编辑同一个文件，任何人对文件做的改动，都会立刻在其他人的屏幕上显示出来。

在PowerPoint Online 中新建演示文稿

可以看到，PowerPoint Online 的界面几乎与本地版的PowerPoint一模一样，在没有Office软件又必须要制作或编辑PPT时，只要可以连上网络，PowerPoint Online 便能帮到你的大忙。

PowerPoint Online 的主菜单一览

（1）"文件"选项卡：另存、共享、打印等文件操作功能；

（2）"开始"选项卡：剪贴板、删除、幻灯片、字体、段落、绘图等基本功能；

（3）"插入"选项卡：幻灯片、图像、插画、外接程序、链接、文本、注释、符号、媒体等功能；

（4）"设计"选项卡：主题、变量（相同主题的不同配色）、自定义等功能；

（5）"切换"选项卡：切换到此幻灯片、计时等功能；

（6）"动画"选项卡：动画、计时等功能；

（7）"审阅"选项卡及"视图"选项卡：检查辅助、演示文稿视图、显示、显示比例等功能；

6.3 另存

另存为不同的格式

如果你想把已经保存过一次的PPT保存为其他格式，那就要用到另存为命令了。下面我们来看一下PowerPoint都支持以哪些格式保存演示文稿。

PowerPoint 演示文稿 (*.pptx)
启用宏的 PowerPoint 演示文稿 (*.pptm)
PowerPoint 97-2003 演示文稿 (*.ppt)

> 演示文稿：如果希望兼容2003版以前的软件，可存为97–2003演示文稿

PDF(*.pdf)
XPS 文档(*.xps)

> 通用格式：可以用专用阅读器在不同的平台上打开

PowerPoint 模板 (*.potx)
PowerPoint 启用宏的模板 (*.potm)
PowerPoint 97-2003 模板 (*.pot)

> 模板：如果下次想继续用这个文件，可以保存为模板

Office 主题 (*.thmx)

> 主题：把版式、配色、字体等存为主题

PowerPoint 放映 (*.ppsx)
启用宏的 PowerPoint 放映 (*.ppsm)
PowerPoint 97-2003 放映 (*.pps)
PowerPoint 加载项 (*.ppam)
PowerPoint 97-2003 加载项 (*.ppa)
PowerPoint XML 演示文稿 (*.xml)

> 播放文件，打开就直接播放。如果想编辑这类文件，请先打开PowerPoint再打开文件就可以编辑

MPEG-4 视频 (*.mp4)
Windows Media 视频 (*.wmv)

> 视频：导出视频，可以完美保存PPT动画效果

GIF 可交换的图形格式 (*.gif)
JPEG 文件交换格式 (*.jpg)
PNG 可移植网络图形格式 (*.png)
TIFF Tag 图像文件格式 (*.tif)
设备无关位图 (*.bmp)
Windows 图元文件 (*.wmf)
增强型 Windows 元文件 (*.emf)
大纲/RTF 文件 (*.rtf)

> 图片：可以完美保存版式、字体

PowerPoint 图片演示文稿 (*.pptx)
Strict Open XML 演示文稿 (*.pptx)
OpenDocument 演示文稿 (*.odp)

> 图片演示文稿：直接把PPT每一页都另存为图片后并重新生成新的PPT

上面我们列出了PowerPoint 2016支持的所有格式及对应的使用环境，大家可以根据自己的需要选择合适的格式保存PPT。事实上，如果你不是在桌面上右键新建PPT文档开始制作，而是双击PowerPoint图标的方式进入程序开始制作PPT的话，在第一次保存的时候就可以打开"保存类型"下拉菜单设置好需要保存的格式。

保留高版本的各种效果

有时候为了保留高版本的动画效果，我们无法选择把整个PPT保存为图片格式，而且这样保存之后，PPT也无法再进行任何的编辑改动。下面的方法既保留了漂亮的特殊效果，又能够让别人继续编辑其他部分的内容。

保留带有高版本特效的文字内容

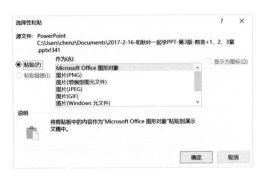

（1）把某段需要保存文字选中；

（2）Ctrl+C复制；

（3）Ctrl+Alt+V选择性粘贴，弹出选择性粘贴选项框（根据不同的复制内容，窗口内容会有所不同）；

（4）把特殊格式内容存为图片粘贴。

保留带有高版本特效的图片

把带有特效的图片再复制粘贴为图片，此时特效效果就成了新图片的一部分，在低版本里也能够显示出来了。

此方法也适用于将PowerPoint制作的PPT移到WPS演示上进行播放的情况（有很多PPT生成的图片效果在WPS里无法正常显示）。

保留SmartArt图形效果

当PowerPoint 2007版本以上的PPT文件转存为2003版本格式后，文件中的SmartArt图形全部会存为图片，再无法编辑。如果想要避免这种情况，可以在保存前把SmartArt打散为形状，这样就可以在2003版本中编辑了。这一方法事实上我们在实例50中已经使用过了。

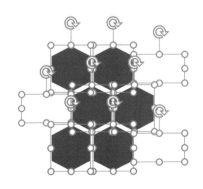

压缩幻灯片的大小

如果保存的PPT太大，那么无论编辑或发送都很不方便，网上有很多压缩PPT的工具软件，其实只是压缩了PPT中的图片质量来缩小文件体积。如果把一个PPT文件的扩展名.pptx改成.rar，这个文件就变成了一个压缩文件，解压缩后可以得到一个文件夹。在这个文件夹里，子文件夹"fonts"和"media"显得特别大。体积超过10MB的PPT文件，一般这两个文件夹会占文件大小的90%以上。

文件夹fonts里面是保存的时候嵌入的字库文件，文件夹media里面则是各种图片、音频、视频文件。一个很大的PPT，其实主要都是图片、视频、音频、字库文件占空间，而文字、形状并不会占用多少体积。PPT瘦身要从图片、视频、音频、字库这些大块头着手。

1. 使用矢量图或JPG图片格式

有的图片格式是位图格式，扩展名是.bmp。如果把图片格式改成.jpg格式，图片的大小会大大减小。如果使用矢量图格式，不但文件小，而且拉大时还可以保持清晰度不变。

2. 使用分辨率合适的图片

PPT使用的图片文件一般分辨率达到1024像素×768像素就差不多了，没有必要超过显示器的分辨率，分辨率提高，图片文件体积会急剧膨胀，电脑处理速度也会急剧下降。

3. 压缩图片

选中一张图片，在"图片工具-格式"选项卡单击"压缩图片"。

可以一次处理一张图片，如果去掉复选框的勾，就一次把所有图片都处理完成。

可以选择删除图片的裁剪区域，裁剪区域外的部分就被舍弃掉了。

还可以更改图片的分辨率，一般可以选择150ppi，这个选项对那些300ppi甚至600ppi的图片特别有用，如果原始图片分辨率低于目标分辨率，则没有影响。

仅压缩选中图片还是
压缩PPT内所有图片

删除裁剪图片的多余部分

除了裁剪图片以外，还可以在"选项-高级"里面选择图像大小和质量，存盘时自动处理压缩图片。勾选**"放弃编辑数据"**前面的复选框，设置默认目标输出分辨率，每次PowerPoint保存的时候，就会自动删减裁剪区域并把图片按默认大小的分辨率保存。

4. 注意音/视频的文件格式

音频文件一般MP3格式就可以，WAV文件体积超大，放在PPT里面不是特别合适；视频文件则可以选择AVI、MP4之类的压缩格式。MPG格式文件体积也有点大。

文件格式可以用"格式工厂"这款软件任意转换（参见实例28）。

5. 删除不需要的视频段落

有些视频原文件要播放1~2个小时，但是你只需要其中的5分钟，这个时候没有必要把整个视频都放在PPT里面，截取其中有用的那段就可以了。利用PowerPoint自带的视频截取压缩功能：选中一个视频以后，在"视频-播放"选项卡单击**"剪裁视频"**。在弹出窗口里设置视频的开始和结束时间，截取需要的那段视频。

包含了媒体的PPT，在"文件-信息"选区里面，会多出一项**"压缩媒体"**按钮，单击此按钮并进行压缩，会大幅度减少视频文件的体积。通过"剪裁视频"处理过的视频文件，在这个过程中也会删除多余部分，只保留截取后的部分。

6. 合理嵌入字库文件

如果你一开始就选择了嵌入字库，那么文件就会变得很大，每次自动保存都会变慢。文件还在修改的状态时，可以不嵌入字库。等文件编辑完成，为了保留特殊字体效果，可以选择"仅嵌入文稿中使用的字符"把字体嵌入PPT，如果希望其他人也能编辑该文件，可以把字库文件单独发给需要编辑的人。

对于字体保存选项，尽可能只保留演示需要的字体。在制作幻灯片时，尽量用系统自带的字体，少用或不使用特殊字体可以有效减少PPT文件大小。

6.4 播放和展示

各种播放模式

四种播放模式的特点

播放类型	使用场合
演讲者放映	公众演讲、部门培训、产品介绍、项目汇报，绝大部分场合都是用这种播放方式。在幻灯片播放的过程中，由演讲者全程控制，通过鼠标、翻页器或键盘控制幻灯片翻页及播放动画
观众自行浏览	在一些产品展示会、博物馆，我们会遇到这种类型的幻灯片，观众通过单击触摸屏控制幻灯片播放。观众单击幻灯片上不同的按钮，跳转到不同的页面或播放动画/视频
展台浏览	在展台或大型会议开始前播放一段公司介绍，婚礼开始前播放一段背景视频，不需要专门派一个人坐在电脑前面手动播放，也不必要占用一台电脑，设定好幻灯片的每页换片时间，就可以自动在投影屏幕上播放了
联机演示	如果希望在不同办公室的同事、远在外地的领导能够同步看到你播放幻灯片，就可以用联机演示模式。比如电话或视频会议，就可以一边通话一边在所有会议参加者电脑上同步播放幻灯片。和直接把幻灯片发送给对方最大的区别是，整个播放过程受演讲者的控制

演讲者放映　　　　观众自行浏览　　　　展台浏览　　　　联机演示

这四种播放形式大家都用过吗？如果有没用过的也不要紧，下面我们逐个给大家介绍！

演讲者放映模式

演讲者放映

单屏放映

很多时候我们是直接对着电脑屏幕，展示幻灯片给大家看。你只需要知道两件事情：（1）可以使用自定义放映，调整放映内容和顺序；（2）虽然只有一个屏幕，但还是可以在演示视图和编辑视图相互切换，这样不用中断演示就可以进行编辑。

多屏放映

如果可以使用投影仪的话，演示效果会更好。这个时候一定要记得把显示器模式切换到扩展模式，这样不仅仅享受到投影仪的大屏幕带来的好处，更重要的是双屏显示可以同时显示编辑视图和投影视图。这样，一边投影一边编辑就不是问题了。

演示者视图

采用双屏显示的时候，也可以不使用编辑视图，而是切换到演示者视图。演示者视图下不能编辑幻灯片，但是可以对当前幻灯片计时，可以用更多面积显示备注信息，可以更加方便地在多页之间切换。

单屏演示同时编辑

单屏模式下也是可以一边播放演示，一边进行编辑的。如果在演示时发现一些小地方需要改动，就可以迅速切换到编辑视图。

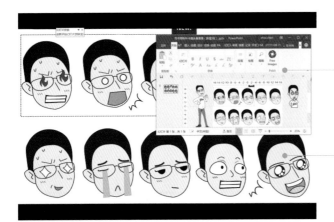

编辑视图窗口

放映视图窗口

在播放视图下，晃动鼠标，屏幕左下角会出现翻页、墨迹书写、多页浏览、局部放大按钮，单击最右侧的"三个点"按钮会弹出菜单，我们可以通过此菜单在单屏放映和演示者视图两种模式中切换。在屏幕选项里，还有白屏、黑屏、隐藏墨迹标记、显示任务栏的命令。

多页浏览
墨迹书写
前后翻页

局部放大
其他选项

双屏显示

连接好投影仪或显示器，按Win+P键，把显示模式设置成扩展模式，屏幕即可出现在投影幕布上。

使用演示者视图

在"幻灯片放映"选项卡勾选"使用演示者视图"，当连接投影仪之后，按F5键就会以演示者视图的模式放映。没有连接投影仪的情况下，勾选此选项无效，不过如果按快捷键Alt+F5开始放映，则可强制使用演示者视图。

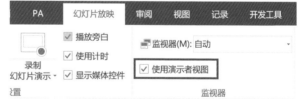

演示者视图下演讲者看到的界面

演示者视图下观众看到的画面

观众自行浏览

观众自行浏览

动作按钮

在插入形状的选项卡最底部有各种常用动作按钮，这些按钮都带了简单的超链接，根据提示插入需要的动作按钮，可以快速完成页面跳转。按钮上的标识与按钮动作相关，能够给观众提示。

超链接

当动作按钮不能满足需要时，要设置超级链接。选中一个对象，在功能区单击"插入-超链接"。选择超链接的链接目标。记得在目标页插入一个"返回"的动作按钮。

触发动画

希望观众单击某个对象后触发动画效果：比如单击图片放大，要用到动画触发器。给A对象设置好动画后，选择"触发"，选择一个触发对象B，当鼠标单击或移过B对象时，就会触发A对象的动画效果。

观众自行浏览的幻灯片与演示者自己播放的幻灯片最大的不同是观众自行浏览的幻灯片更注重交互性。

参观者可以选择并单击某个对象，根据单击对象的不同，参观者将被带入演示文稿的不同区域以了解各种不同的信息。与只能通过一组计时设定运行的演示文稿相比，交互式PPT对展台参观者更有吸引力。

制作交互式PPT需要用到动作按钮、超链接和触发器。

另外一个区别是观众自行浏览是在窗口模式下，如果有多个显示器，设置成扩展模式，就可以把窗口拖放到扩展显示器上，自己可以在主显示器上做别的事情。

展台浏览

多显示器
在"幻灯片放映"选项卡单击"设置幻灯片放映",勾选"在展台浏览"。如果有多个显示器,在"监视器"功能区选择显示位置。

自动换片
展台播放的幻灯片不能手动控制,必须设置自动换片时间。如果每页换片时间相同,可以直接在"母版"视图的"切换"选项卡勾选"设置自动换片时间",一般为3～5秒钟。

录制演示
如果每页换片时间不同,而且希望配上解说,就可以在"幻灯片放映"选项卡单击"录制幻灯片演示"。如果有麦克风,就可以录制旁白了。

展台展览最大的特点是播放与编辑状态分离。

一台显示器用于播放当前的幻灯片,另一台显示器上既可以同时编辑正在播放的幻灯片,也可以打开另一个幻灯片进行编辑或播放。

展台浏览另一个特点是除了按Esc键退出播放外,播放过程不能人为控制,翻页依据"切换"选项卡中"设置自动换片时间"的设置来自动完成。

动画效果播放模式可以采用"鼠标单击时"开始,也可以设置成其他两种方式自动播放动画。

（1）勾选前面的复选框
（2）设置换片时间

联机演示

开始联机	在"幻灯片放映"选项卡单击"联机演示"，在弹出的窗口单击"连接"，稍等片刻即可进入联机状态。
分享链接	PowerPoint 将提供一个公共链接，你可以将其发送给远程观众。收到广播链接的任何人均可以观看联机演示。请记住，如果观众将该链接转发给其他人，则收到链接的人员也可以使用该链接观看。
联机观看	在手机、平板设备或电脑的网页浏览器中粘贴该网址，即可观看联机演示。如果你要给出差在外地的领导看PPT的话，就可以直接把链接发送到他的手机上了。

联机演示

用手机浏览器
打开链接

新版演示者视图的变化

从PowerPoint 2013版开始，演示者视图有了长足的进步，"局部放大"和"浏览"等功能都是自这一版本开始加入的。使用局部放大，我们可以在播放状态下对页面的某一部分加以放大，为观众展示页面上更多的细节。

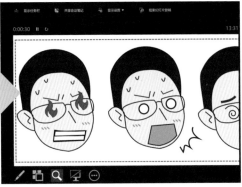

局部放大功能：单击后在上方窗口选定区域放大

也可以在演示者视图右侧预览后面的幻灯片或动画步骤的内容或看看备注。与普通放映状态不同的是，演示者视图提供了更多演示控制功能，比如：计时、切换显示方式、白屏/黑屏按钮，这样就不用记那么多快捷键了。

下一幻灯片或动画步骤预览窗口

黑屏/还原按钮

备注文字显示区域
把你的演讲词写到备注就能在这里显示出来

值得一提的是，2016版的演示者视图在视觉效果上与2013并无不同，但实则也有功能上的改进。比如2013版中在演示者视图无法看到页面动画的变化过程，而2016版则可以完整显示，这就让演讲者在操作幻灯片动画时能够更好地把控动画进程和演讲节奏。

6.5 如何用移动设备控制 PPT 播放

有哪些可以用于演示的移动设备

iPad Pro

Surface Pro 4

安卓系统平板电脑

目前可用于演示的主流平板电脑有iPad 系列（iPad Pro、iPad Air、iPad mini），微软平板电脑（Surface Pro、Surface Book），安卓系统平板电脑（小米平板）等。

iPhone 7 Plus

安卓系统手机

Windows系统手机

适合用作商务演示的智能手机，可选择的余地很大，无论是苹果还是安卓，还是小众的Windows系统的手机，都可以用作小范围的商务演示，也可以连接投影仪进行常规演示。

iPad 和 iPhone 如何用于商务演示

iPad和iPhone的市场占有率很高，那么这两种设备如何用于商务演示呢？需要解决以下几个问题：

（1）如何连接投影仪；

（2）如何选择播放软件；

（3）如何把文件导入平板；

（4）如何遥控播放。

如何连接投影仪

有线连接投影仪的方式比较简单，只需要添置一根 apple VGA adapter线就可以了，不过需要注意接头是否与接口匹配。

用有线连接投影仪的方式显得比较落伍，而且连上投影仪后iPad不能拿在手上随意走动，于是很多人希望找到无线连接投影仪的方式。用"iPad如何无线连接投影仪"作关键词可以搜索到一大堆连接方案，这些连接方案主要分成以下两大类：

方法1：通过无线连接AppleTV、小米盒子等间接连接投影仪。

让iPad或iPhone和Apple TV处在同一个Wi-Fi网络中，Apple TV通过线缆连接投影仪。iPad或iPhone开启Airplay Mirroring镜像功能（双击iPhone或iPad的home键，在弹出的控制面板中找到这个图标 🔲，单击图标，显示可用于进行Airplay的设备），把屏幕镜像到Apple TV。

方法2：直接连接网络投影仪或通过网络投影连接套件连接投影仪。

所有具有无线网卡的设备都能够无线连接到投影仪。

无线投影设备可以和任何品牌投影机连接使用。设备主要通过VGA、HDMI、USB中某一种连接投影仪；因为设备本身就是一个无线App，连接电源它即可发射无线局域网。内置有无线网卡的笔记本电脑都可无线连接，连接完成在笔记本电脑中启动辅助的软件，输入登陆码即可将笔记本电脑的显示投影出去。不仅iPad、iPhone可以使用这种方法连接投影仪，其他带无线网卡的笔记本电脑、平板电脑都可以用这种方法连接。

选择哪种格式播放PPT与软件最匹配

如果你有其他苹果系统的台式机或笔记本电脑，那么Keynote是不二之选，iPad、iPhone上面的Keynote虽然有点小贵，但是用来播放原生的Keynote文件，那是再完美不过的了。

如果你是用PowerPoint做的演示文稿，想用iPad播放，我建议你还是转换成PDF格式，然后用iBook播放。其他Office文档管理或编辑App都不能做到完美重现PowerPoint的特效、动画，都需要PowerPoint里面做修改，或者转到iPad里面以后再修改。所以，转换成静态的PDF播放最省事。

还有很多演讲辅助软件，可以帮我们更加省时省力，这也是用iPad做演示一的大优势。

照相机

在演讲中可以代替老式的幻灯机。

使用拍照模式，可以把听众分享的图片、文字拍下来播放到投影，开启摄像模式，可以360°展示立体实物。

而让幻灯机永远也比不了的好处是：所有用照相机拍下来的东西已经被数码化了，非常容易保存和分享。

53paper

这是我很喜欢的一款手绘App，手绘功能非常强大。如果演讲者写得一手好字，配合手写笔，一定能令人瞩目，即便字写得很烂，软件的笔触效果，也可以让那些很烂的字看上去不那么难看。基础包免费，付费可购买更多种类笔。

Best Stopwatch

这个App的功能非常简单，就是一个常用的秒表。可以用来作为商务演示过程中与观众的互动计时，也可以自己控制演讲时间。

如何把文件导入移动设备

方法1：电缆连接：用数据线连接电脑。

91助手、PP助手等App：文件管理功能，直接把电脑上的文件传输到iPad上。

iTunes：在"文件"菜单选择"将文件添加到资料库"。如果是PDF文件，直接会被添加到"图书"资料库，然后选择同步图书，就把电脑上的PDF文件同步到移动设备上了。

方法2：无线连接：适用于没有数据线的场合。

Wi-Fi：有些文件管理App支持Wi-Fi传送文件，当有Wi-Fi环境时，只需在电脑上登录一个局域网地址，打开文件上传界面，就可以把需要共享的文件上传到平板电脑或手机上。

网盘：把文件放在网盘上，然后通过平板电脑网盘客户端下载到平板电脑上。

云笔记：把文件作为云笔记的附件，然后同步到平板电脑上。

邮件：给自己发一封带附件的邮件，然后在平板或手机上下载附件。

U盘：Surface有一个USB接口，可以直接用U盘把文件复制到Surface上，Surface的USB接口速度很快，文件完全可以留在U盘上，把U盘直接作为Surface的一个外接磁盘好了。

如何用手机遥控播放

如果你的移动设备使用电缆与投影设备连接，那么你一定希望可以使用手机遥控的方式来播放PPT。

PPT遥控器

PPT遥控器是百度公司出品的一款辅助智能手机遥控PPT的专业软件，只需要用微信扫描安装在电脑里的PPT遥控器软件端二维码，就可以使用了。如果你在手机上也安装了PPT遥控器的App，扫码后可以自动与电脑端软件匹配，演示时手机上可显示幻灯片备注，当手机和电脑在同一Wi-Fi环境下时，还可按住手机屏幕激活激光笔功能，特别方便。

AirSlides

也可用iPhone通过AirSlides控制连接了投影仪的iPad播放PPT。

需要Wi-Fi环境，iPhone和iPad都要安装AirSlides客户端，把需要播放的PPT转换成PDF后，放到AirSlides里面。这样就能用iPhone控制iPad播放文件了。AirSlides还提供了语音传输能力，以备会场不提供无线麦克风时使用。

Surface 如何用于商务演示

对于一名经常需要在外做PPT演示的人来说，Surface电脑真是一个非常棒的选择，它不但轻薄便携，触屏支持一边演示一边在屏幕上圈划，更为重要的是它源生的Windows系统对安装和使用Office软件极为友好。

@Jesse 老师现在就使用的是Surface Pro 4，不管是在校上课还是外出做分享，带着Surface都特别方便。如果你也想用Surface做PPT演示，那么除了Surface电脑本身，@Jesse 老师推荐你购买以下配件（如果PPT包含声音素材还需要准备音频线）。

| 蓝牙鼠标 | USB分线器 | DisplayPort适配器 | VGA线 |

设备	选购原因
蓝牙鼠标	Surface只有一个USB接口，使用蓝牙鼠标方便使用U盘和移动硬盘
USB分线器	USB接口扩展坞，在同时需要多个USB连接时提供帮助
DisplayPort适配器	可将mini HDMI接口转为DVI、VGA、HDMI等多种接口
VGA线	一端与投影仪连接，一端通过DisplayPort适配器VGA接口与电脑连接

6.6 打印幻灯片讲义

讲义母版

在"视图"选项卡单击"讲义母版"可以编辑讲义母版的结构。讲义母版比较简单，和幻灯片母版一样，可以插入形状、图片、背景，以及页眉、页脚、时间和页码。

通过插入图片，可以把公司的Logo放在讲义上，通过插入形状，还可以做更加漂亮的页眉页脚。

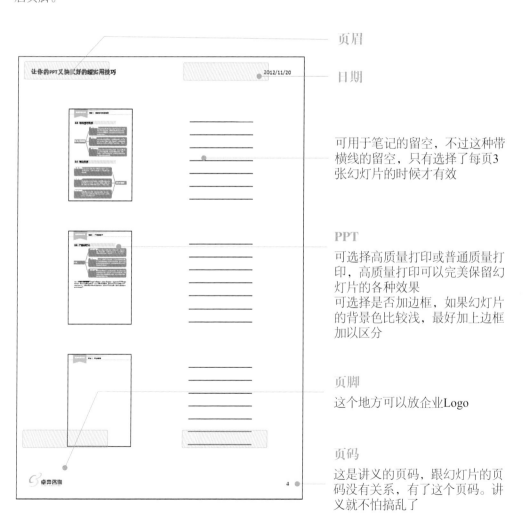

页眉

日期

可用于笔记的留空，不过这种带横线的留空，只有选择了每页3张幻灯片的时候才有效

PPT

可选择高质量打印或普通质量打印，高质量打印可以完美保留幻灯片的各种效果
可选择是否加边框，如果幻灯片的背景色比较浅，最好加上边框加以区分

页脚

这个地方可以放企业Logo

页码

这是讲义的页码，跟幻灯片的页码没有关系，有了这个页码。讲义就不怕搞乱了

如何在一页纸上打印 16 页幻灯片

PowerPoint的讲义打印模式，最多支持一个页面打印9页幻灯片。而且，讲义的边框留白也比较大。有没有什么办法可以在一张纸上打印16页甚至18页幻灯片呢？这就要用到一款虚拟打印机程序：FinePrint。

这个软件提供高级打印功能。可以抓取打印输出内容，使其正常地打印，并且加入额外的格式、控件符及应用连接选项。FinePrint 提供了超越任何现有打印机驱动程序的能力。

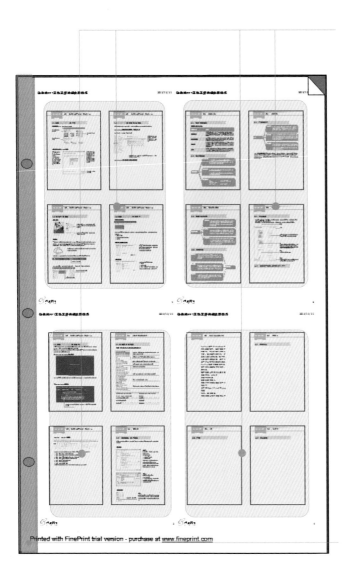

多页打印在一张纸上

FinePrint的其他功能

打印预览
带有编辑能力的全面打印预览。简单地添加空页、删除页面和重排打印任务

水印、页眉页脚
水印、页眉页脚选项允许文档用日期、时间、系统变量或当前文本来标记

文件保存
把页面或任务保存为 TIFF、JPEG、BMP、文本和FP 格式

双面打印
支持使用所有的文档和打印机来制作小册子和双面打印。把所有文档打印到小册子中，更容易读取和携带

页面缩放
允许把页面缩放到适合标准页面大小，如 Letter 或 A4

可调页边距
通过使用最大的可打印区域，调整页边距，增加文本的大小，更有利于阅读

装订线支持

黑白稿看不清怎么办

在电脑中看幻灯片配色很精彩，但是很可能打印出黑白讲义就分不清颜色深浅了。几种比较典型的情况及解决办法如下。

问题	对策
数据图表不同系列数据颜色亮度比较接近，做成黑白稿时灰度就比较接近，难以分别	在"视图"选项卡单击"灰度"或"黑白"，幻灯片画面变成灰度或黑白，在黑白或灰度模式下检查哪些地方颜色对比不那么明显。重新定义这些颜色的灰度
文字设置了底色，幻灯片播放的时候效果非常好，但是做成讲义，底色会变成灰色，影响阅读	重新定义这些底色在黑白稿中的灰度，一般直接改成白色
深色的背景，同样，用来播放效果很酷，不过做成讲义，有可能变成了大块黑色，一点也不好看	在打印讲义的时候，选择灰度或黑白模式

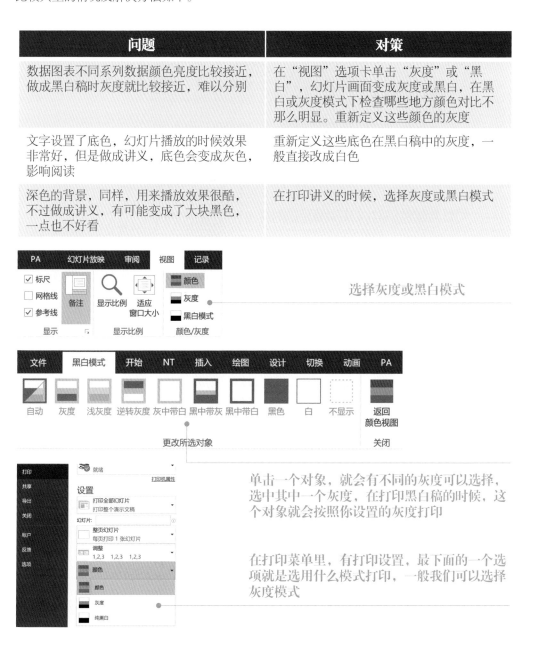

选择灰度或黑白模式

更改所选对象   关闭

单击一个对象，就会有不同的灰度可以选择，选中其中一个灰度，在打印黑白稿的时候，这个对象就会按照你设置的灰度打印

在打印菜单里，有打印设置，最下面的一个选项就是选用什么模式打印，一般我们可以选择灰度模式

6.7 PPT 转图片

如何另存为高精度图片

多种另存为图片的方式效果比较

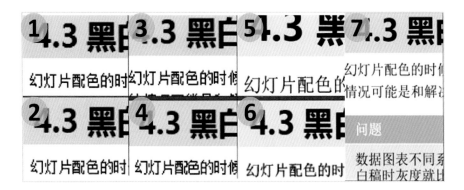

把某一页幻灯片用 ①复制对象然后粘贴为图片；②保存为JPG格式；③保存为PNG格式；④在播放状态截屏；⑤另存为PDF后用高分辨率转换为JPG图片；⑥另存为PDF后用低分辨率转换为JPG图片；⑦保存为高分辨率JPG图片。

在Photoshop中放大5倍进行比较。发现采用方法⑤和方法⑦得到的图片效果最好，采用方法①得到的图片效果最差。

如何保存为高精度图片

显然，图片精度与图片格式和分辨率都有关系。如果另存为PDF文件，因为PDF是矢量文件，图片文字质量不会有损失，从PDF再保存为JPG文件的时候，可以选择JPG文件的大小，如果选择较高分辨率，就能获得令人满意的图片质量。

如果PowerPoint直接转存JPG格式图片，噪点比较多，边缘不锐利，分辨率也不高，不推荐使用。

通过"幻灯片大小"来保存高分辨率图片

PPT导出图片的默认尺寸是96DPI（每英寸96像素），而1英寸=2.54厘米，即每厘米的像素为96/2.54=37.795。若我们想要制作1080×960像素的图片，则需要设置幻灯片宽度为1080/37.795，高度为960/37.795，最终结果为高28.575厘米、宽25.4厘米。按这个尺寸设定幻灯片大小，把最后的成品导出为图片格式，就可以得到1080×960像素的图像了。

拼图发微博

做完了一套PPT，除了在正式场合播放，还有很多人会选择发微博。对于一些PPT爱好者而言，平时练手的一些PPT或是出于兴趣、就某个热点话题做的PPT，制作的目的就只是为了发微博而已。而发微博就免不了用到拼图功能，如果PPT页数很少，用微博自带的拼接功能就足够了，而如果页数较多，那就需要用到如美图秀秀等第三方工具。

新浪微博的图片拼接功能

这个功能大家应该都知道，在插入图片的时候选择"拼图"，然后选择"图片拼接"，在弹出的对话框选中多张图片（最多9张）即可完成拼接、上传微博。在拼接的过程中还可以设置图片间距、调整图片顺序。

微博自带的拼图功能非常方便，无须借助其他工具，但最多支持9张图片，对于一套PPT而言，这个数量往往会显得太少。

美图秀秀网页版的拼图功能

如果你需要拼接超过9张的图片，或需要定制边框效果等，那无须下载和安装的美图秀秀网页版就是你的不二选择。

只需要搜索"美图秀秀"即可找到网页版页面，不管是界面还是功能，都与桌面版本相差无几。单击"拼图-图片拼接"即可看到左侧界面，单击"上传图片"即可开始拼图，最多支持28张图片。

当然了，要说PPT转图片拼接长图，最方便、拼图效果最好，那还是得首推插件拼图法。不管是老牌的Nordri Tools还是功能强大的OneKey Tools，都能又好又快地在PPT内部完成这一任务，我们下一章会用实例的形式和大家详细说明。

6.8 将动态 PPT 保存为视频

如果你使用的是PowerPoint 2010以上版本，想要将动态PPT保存为视频，无须借助其他软件，直接就可以在PowerPoint中完成。下面以PowerPoint 2016为例说明具体步骤（2010版功能位置略有不同）。

1 单击"文件–导出"   **2** 单击"创建视频"

3 选择视频文件格式及质量   **4** 单击"创建视频"按钮

也可以直接在"另存为"选项中将"保存类型"选择为MP4或WMV格式。如果采取这种方式，PowerPoint会直接按默认选项把文件另存为视频。

单击展开"保存类型"下拉菜单选择保存格式

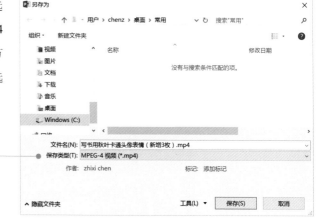

6.9 保存为 Flash，更加便于分享

如果把PPT放到网上去分享，Flash可能是文件体积最小的格式了。不过目前任何版本的PowerPoint都不支持另存为Flash的功能，只能通过插件或第三方软件实现。

有一款叫iSpring 的PPT插件，可以将PPT转为Flash，最新版本还可以转为HTML5格式，非常适合分享和移动阅读。前往iSpring官网即可免费下载这款插件。

如果你还需要更多强大的功能，则可以付费购买高级套件版本iSpring Suite。与iSpring Free 相类似的，插件安装后会在PowerPoint中生成新的选项卡，不但可以实现PPT向Flash的转制，还支持在PPT中生成测验、互动模组、模拟情景对话等交互式功能。

安装iSpring Free 或Suite 之后，桌面上还会生成独立的快速开始图标，双击图标即可快速开始制作。如果你经常制作教育类或观众自行操作类PPT，iSpring Suite绝对值得拥有！

iSpring Suite 测验模块

iSpring Suite 互动模块

6.10　没有 Office，也能播放 PPT

把PPT打包成CD

在第3章末尾，我们曾经和大家讲过"打包成CD"的功能，使用这一功能可以保证不出错地将PPT及PPT里用到的各种素材和音视频、Excel表格等外部链接文件自动收集在一起形成一个打包文件夹或刻录到CD，避免了手动复制时出现的文件丢失或链接出错问题。

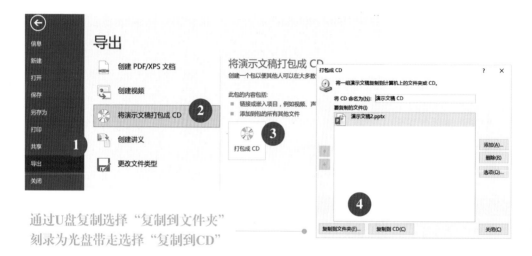

通过U盘复制选择"复制到文件夹"
刻录为光盘带走选择"复制到CD"

安装PowerPoint Viewer

当刻录的CD插入光驱自动运行之后，第一个页面就是让你去下载一个PPT"播放器"——PowerPoint Viewer。与超过2GB大小的Office安装程序相比，不到300MB的PowerPoint Viewer是一个非常小巧的程序，安装了它之后，就可以在未安装Office的电脑上播放PPT了。

PPT中的各种动画效果、翻页效果，有了PowerPoint Viewer 的支持，就不会出现效果丢失的情况了，不过前提条件是使用对应版本的PowerPoint Viewer程序。例如，PowerPoint Viewer 2007 就无法支持2010版以后新加入的动画、翻页效果。所以，务必选择最高版本的Viewer程序安装——目前的最高版本就是2010版。

不少初学者想要下载 PowerPoint（Office）时，误打误撞下载了 PowerPoint Viewer。请一定分清二者的区别：一个是制作软件，一个是播放器！

和秋叶一起学PPT

善用插件

CHAPTER 7

制作更高效

- 为什么高手们 PPT 做得又好又快？
- 为什么他们的 PowerPoint 好像和我的不一样？

这一章，告诉你为什么！

7.1 插件是什么

"**插件**"这个词，相信大部分游戏玩家都不会陌生。所谓插件，就是与主程序并行的辅助工具，能够依附于主程序，实现一些原本不能实现的功能，给程序使用者带来更多的方便。

以大家都很熟悉的游戏《英雄联盟》为例，在连接对战双方阵营的路上，分布着一系列的魔法防卫塔。只要敌方阵营的英雄或士兵进入其攻击范围，防卫塔就会自动攻击这些目标。对于那些刚刚接触游戏的新人来说，很难准确估算防卫塔的攻击范围，往往一时失误就"白白送命"。曾经就有一款游戏插件，可以在玩家靠近这些防卫塔时在地面上准确显示出防卫塔的火力圈，这样就大大减少了玩家给对方"送人头"的可能性。

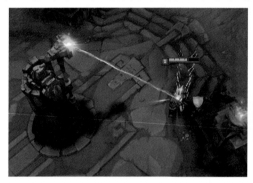

防卫塔会自动攻击敌方玩家　　　　**插件可在地面准确显示攻击范围**

当然，作为对战类游戏，为了顾及游戏的公平性，对于一些给玩家提供太多方便、明显降低游戏难度的插件，官方是禁止的——因为并非每个玩家都安装了这样的插件。

而对于我们普通人制作PPT来说，并不存在什么比赛和公平竞技，每个人都希望能够更快速、更轻松地完成PPT制作任务，特别是对于一些明显是重复性劳动的任务，如果能出现一款辅助工具帮我们自动完成这些"非设计环节"的体力劳动，那自然是人人都欢迎的。在这样的需求驱动下，各种各样的PPT插件也就应运而生。它们有的可以提高制作效率，有的可以美化设计效果，有些可以方便我们寻找素材，本章我们就一起来了解一下这些辅助我们完成PPT制作的"神器"。

秋叶老师，有能帮我自动完成整个PPT的插件么？

呃，有……此插件的名字叫：男朋友

7.2 目前最流行的 PPT 插件有哪些

随着PowerPoint 2013在功能上的大幅度提升，可挖掘拓展的功能增多，各种插件也如雨后春笋般地冒了出来。在这里首先要感谢那些不计回报的插件开发者们，是他们牺牲自己的时间，克服重重困难才制作出了这些为我们节省大量时间的插件神器，他们的奉献精神值得我们每一个人敬佩和学习。

在本章，会向大家重点推荐和介绍3款功能强大的主流插件，它们分别是：

Nordri Tools

Nordri Tools 简称NT，由**上海Nordri公司**开发，是3款插件中"年龄最长"的。它提供了一系列提高PPT制作效率的功能，照顾到了从设计、放映到发布等方方面面的需求。

OneKey Tools

OneKey Tools 简称OK，和NT不同的是，它几乎是由作者**@只为设计**独立开发完成。作为一名极具奉献精神的PPTer，@只为设计 不但开发了强大的OK插件，还详细录制了每个功能的介绍视频，编写了一系列插件教程，帮大批PPT小白走上了进阶之路。如果说NT是注重提升效率的干练女白领，那OK就是在功能上不断突破的技术宅，它的强大让人咋舌，如果用游戏里的判断标准，已经不再是插件，而是需要被封禁的"外挂"了。

PocketAnimation 口袋动画

口袋动画（PocketAnimation）简称PA，由**安少**创立的**大安工作室**开发完成，是目前功能最为强大的一款PPT动画插件，借助这款插件，你可以庖丁解牛般地将PPT源生动画功能拆开并重新组合，打造出独一无二的动画效果。

7.3 NT 插件篇

利用 NT 导出高分辨率长图

在上一章，我们讲到过如何将PPT导出图片，利用美图秀秀拼成长图发微博，如果要想导出特定分辨率的图，还需要通过换算得出PPT应设定的尺寸和宽度。而有了NT插件，这一切都可以快速完成。

实例 61 用 NT 插件导出 PPT 教程的长图

打开一份PPT，本例中使用的是一则PPT教程，共有18页：

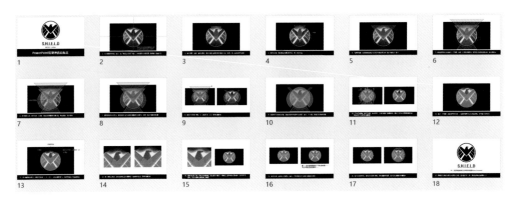

单击NT插件工具栏中的 "PPT拼图" 按钮，会弹出右侧的拼图设置框。

Step2
弹出拼图设置框

Step1
单击 "PPT拼图"

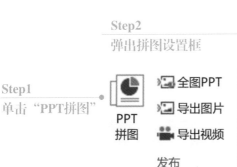

根据需要在本页完成参数设置。这里把部分设置的功能作用注明一下，一些比较简单的选项相信大家自己都可以理解，就不一一解释了。

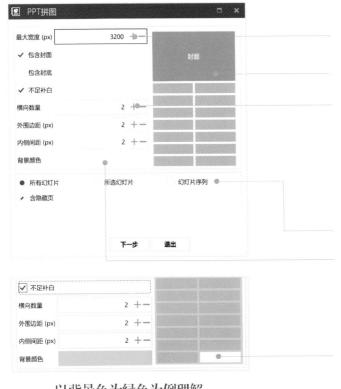

导出拼图的宽度像素，最大3200像素

长图结构预览

横向拼图数量。图中设置为2，故右侧预览图中每行有两张幻灯片。又因为上方勾选了"包含封面"，故封面是单独一张占据一行。"包含封底"同理

选择拼接哪些幻灯片

长图的底色。此项设置又和上方"不足补白"和"横向数量"有一定联系

当设置了横向数量后，极有可能在最后一行出现落单页面，此时若勾选了"不足补白"，这里就会用白色幻灯片补足，如未勾选，则会呈现底色绿色

以背景色为绿色为例理解
"不足补白"等功能

"包含封面""包含封底""不足补白"等功能只有在横向数量不为1时才有设置的意义，对于我们普通的拼图需求来说，只需设置一下最大宽度，确定一下拼接幻灯片的范围，就可以单击下一步了。如果只拼"所选幻灯片"，需要提前选中这些幻灯片。如果还没选择，也可以点选"幻灯片序列"，用数字番号来确定需要拼接的页面。

Step3
完成设置单击"下一步"

在这个窗口我们可以预览到拼图效果、文件大小，调节图像的宽度、画质，如果对结果不够满意，还可以返回上一步修改。

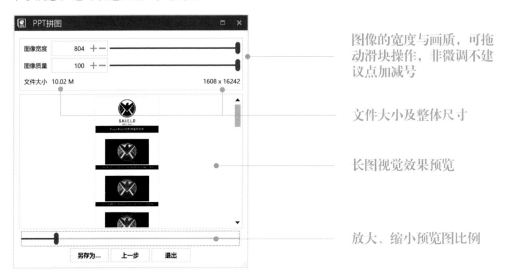

所有设置都确定无误之后，单击"另存为"，选定保存位置，然后即可将已经拼接好的长图保存到电脑上了。

长图的优势在于发布微博时只有一张图片，哪怕教程本身有18页幻灯片，拼成长图也只有1张，不会受到一条微博最多发9张图片的限制。

但也正是因为如此，这张图片的尺寸会相当大，加载较慢，对于用流量刷微博的人来说，点开后很容易因为图片加载缓慢而放弃阅读。本例这样的情况，每3页PPT拼为1张图，最后发6张图效果最好。

利用 NT 进行对象的矩阵复制

把NT插件比作是一名干练的职场女白领不是没有理由的，它的很多功能可以大大降低我们排版设计工作的难度，为我们节省精力节约时间。

大家应该都在手机上买过电影票吧，选座购票时的那个座位图，如果让你用PPT来绘制，你能在一分钟内完成吗？是不是觉得难以想象？告诉你，用NT就可以办到！

实例62 用 NT 插件一分钟绘制电影购票选座图

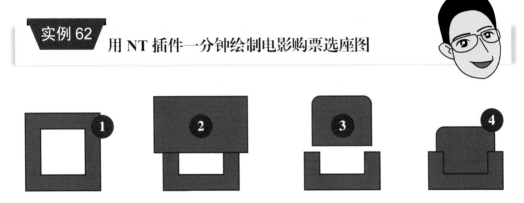

首先，用15秒完成单个座位的绘制：

（1）绘制形状"图文框"；

（2）绘制"矩形"遮挡住"图文框"上一半；

（3）对"图文框"和"矩形"使用"合并形状-剪除"，得到"凹"字样式的形状，并绘制一个合适大小的"矩形：圆顶角"；

（4）将"矩形：圆顶角"置于底层，下移到合适位置，将二者编组，单个座位绘制完毕。

按照万达IMAX厅共13排，每排35座的标准，我们需要复制出13×35共计455个座位，手动复制简直是一种非人的折磨！而使用NT插件，只需下面简单几步就能搞定。

Step1
选中座位，单击"矩阵复制"

Step2
在弹出窗口输入座位数量

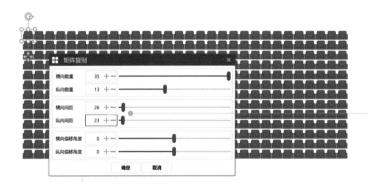

Step3
调整横纵间距值，调整时下方位置分布会实时变化，一般试两三次就能找到合适的数值

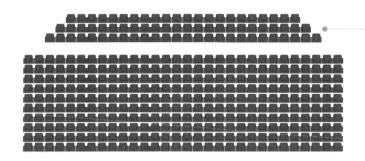

Step4
单击确定后，框选前三排位置，往前挪动一点距离，两侧再删除一些位置，影厅选座图就绘制完成了

利用 NT 进行对象的环形复制

如果说矩形复制还只是降低了机械的重复性体力劳动的话，NT插件的环形复制功能就可以说是极大降低了脑力劳动量。

环形复制的基本原理与矩阵复制一致，只是复制之后的对象并非纵横分布，而是以环形的形式围绕在原对象周围。下面我们来看一个具体的案例。

 实例63 用 NT 插件绘制表盘（不带刻度 / 带刻度）

本例中的表盘分为两类，一类不带刻度线，一类带刻度线，这两类不同的表盘刚好用到"环形复制"功能的两种不同模式。先来看不带刻度线的表盘画法。

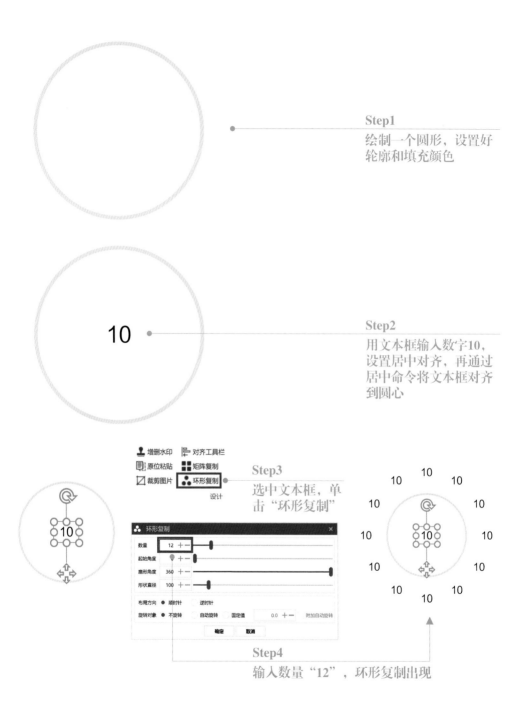

Step1
绘制一个圆形，设置好轮廓和填充颜色

10

Step2
用文本框输入数字10，设置居中对齐，再通过居中命令将文本框对齐到圆心

增删水印　对齐工具栏
原位粘贴　矩阵复制
裁剪图片　环形复制

设计

Step3
选中文本框，单击"环形复制"

环形复制

数量　12 ＋－
起始角度　＋－
扇形角度　360 ＋－
形状直径　100 ＋－

布局方向　● 顺时针　逆时针
旋转对象　● 不旋转　自动旋转　固定值　0.0 ＋－　附加自动旋转

确定　取消

10 10 10
10　　　10
10　　　10
10　　　10
10 10 10

Step4
输入数量"12"，环形复制出现

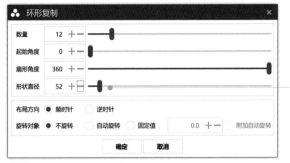

Step5
缩小形状直径，直
到所有数字进入表
盘。调整时数字位
置分布会实时变化

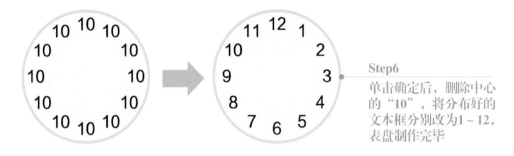

Step6
单击确定后，删除中心
的"10"，将分布好的
文本框分别改为1～12，
表盘制作完毕

如果需要环形分布的不是数字，而是刻度线的话，单单进行上面的操作是不够的。上面的一系列操作只能做出下面左图这样的效果。我们还需要将"旋转对象"设置为"自动旋转"，才能得到右边那样的效果：

假设采取传统的方法绘制，我们必须在复制出一系列的短线条后逐一计算并修改它们的角度，然后再通过手工的方式摆放到表盘上去。这时对齐又成了问题，12、3、6、9点位置的刻度还好说，剩余位置就很难办了，而有了NT，轻轻松松就可以完成。

利用 NT 批量裁剪图片

还记得在"实例50"中我们使用SmartArt的图片排列功能快速统一图片尺寸的招数吗？这一招虽然方便，但在实际运用时必须有一个前提条件——图片的数量较少。如果有数十张图片需要统一尺寸，再使用这一招，解除组合后需要删除大量文本框，就非常低效了。

而NT插件的**"裁剪图片"**功能就可以非常聪明高效地完成这一任务。

实例 64 用 NT 插件统一尺寸裁剪图片

Step1 将28张尺寸比例各不一致的图片拖入PPT

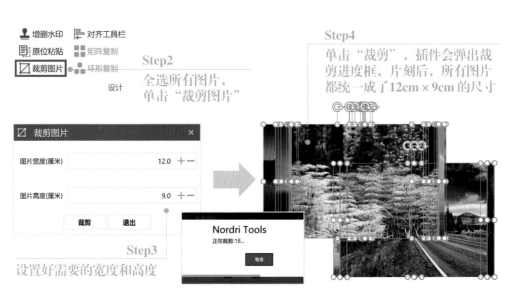

Step2
全选所有图片，
单击"裁剪图片"

Step3
设置好需要的宽度和高度

Step4
单击"裁剪"，插件会弹出裁剪进度框，片刻后，所有图片都统一成了**12cm×9cm**的尺寸

　　值得一提的是，NT的"裁剪图片"功能是相当智能的，它会先缩放图片，将短边通过缩放直接缩放至规定大小，然后再通过"裁剪"功能平均地从长边的两侧向中间裁剪，留下符合标准的画面。

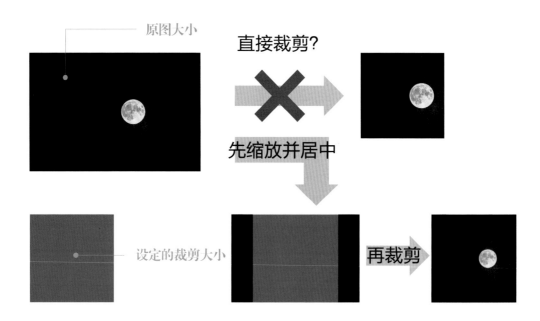

　　如果个别图片的裁剪区域不合适，还可以选中图片后单击"裁剪"按钮重新进入裁剪状态对裁剪区域进行调整。

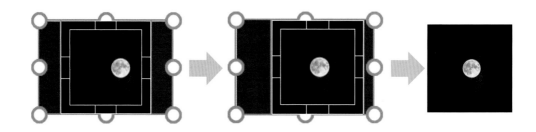

NT 插件的其他常用功能

　　因为篇幅有限，这里不能将NT插件的所有功能都逐一介绍一遍，就再利用一小节内容，对插件的其他一些常用功能做一个简单的介绍吧！

统一字体

在前面的章节讲到主题、版式的知识时，我们曾经说到过通过主题来统一字体的方法，以及这样设置对于事后修改字体所带来的便利。但有些时候，我们需要修改的PPT并未通过主题进行字体设置，无法通过更改主题字体来批量修改文字字体，而原PPT中很有可能又使用了各种各样的字体，导致进行"替换字体"操作也相对麻烦。

此时，只需要使用NT插件的"**一键统一**"功能就可以快速地实现中文和英文内容字体的统一——不管这些文字原本是什么字体，是在文本框里的文字还是在占位符里的文字，都可以一键统一，为我们修改PPT节约了大量的时间。

强制模式
将现有文字按此方案更改，但此后新建文本框的文字还是服从于主题字体设置

主题字体模式
将方案设置给主题字体，此后新建文本框也受此方案影响

控点调节

此功能可以精确调节形状的控点数据，帮助我们构建更加精确的形状外形。例如，基本形状中的"不完整圆"，拖动黄色控点可以改变它的面积。如果想用它来绘制表示63%的饼图，如何才能将控点准确地设置到63%的位置上呢？

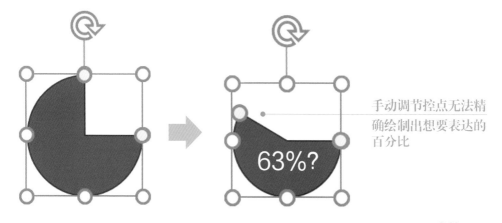

手动调节控点无法精确绘制出想要表达的百分比

　　有了NT插件的"控点调节"功能，这一问题就可以迎刃而解了——选中形状，单击"控点调节"，弹出的窗口中列出的就是两个控点的位置，ID为1号的控点为右侧控点，以它的位置为0，ID为2号的顶部控点在1号的位置基础上逆时针旋转了90°，故值为-90。

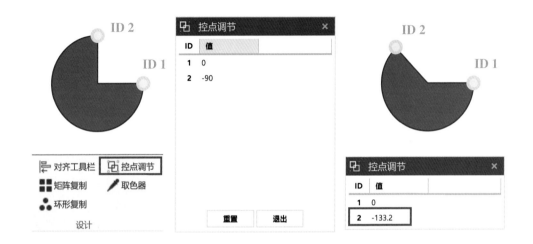

　　简单做一下计算：整个圆为360°，对应100%，则3.6°对应1%，那么63%就应该是226.8°。将ID2的值改为226.8（输入后回车会自动变为-133.2），代表63%的饼图就绘制好了。

色彩库

　　将色彩库切换至"在线"，可一键设置数十套流行主题颜色。这一功能与"设计"选项卡中的"主题颜色"功能相似，但配色方案却要时尚很多。

　　由于NT插件诞生于PowerPoint 2010时代，它的"平滑过渡"和"补间动画"等功能，目前的PowerPoint 2016无须借助插件即可实现，故使用频率较少。另外"取色器"和"对齐工具栏"等在OK插件里也有类似功能，但即便如此，NT插件依然是一款不可或缺的优秀PPT插件，千万不要错过！

7.4 OK 插件篇

就一个"插入形状"还能优化？能！

前面我们说过，插件存在的意义很大程度上就是为了**简化操作**，那些本来就非常简单的操作，还有继续简化和优化的可能性吗？例如，绘制一个简简单单的矩形或圆形，正常状态下也就是选中形状需要点一下鼠标，然后在页面上拖曳绘制需要点一下鼠标——还有什么优化的可能呢？你别说，还真有！

实例 65 用 OK 插件快速制作图片展示小标题

类似下面这样需要一页展示多张照片的简单版式，相信经常做总结、汇报的朋友都没少遇到。

这样的展示型PPT，有一个很大的问题就是版面有限，没有地方写照片的小标题。如果非要留出小标题的位置，那就不得不进一步缩小图片的尺寸，或者调整图片的位置把标题"硬塞"进去。不管怎么样，效果都不太好。

不是图片偏小就是版面太挤，好像是这个样子……

要解决这样的矛盾，有一个常见的方法就是在照片底部叠上一个半透明的矩形，把字写到矩形上去，这样既不需要多占地方，图片和文字也不会相互干扰，版面还很整齐。

不过要制作这样的效果，有一个麻烦的地方就是绘制的矩形必须要和照片一样宽。如果靠PowerPoint的矩形绘制功能，很难一次性就画出这么标准的矩形来，即便看起来矩形和图片宽度差不多，但放大后往往会发现还是差那么一点儿，需要对矩形宽度作二次调整。

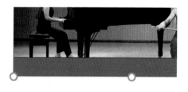
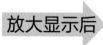
放大显示后
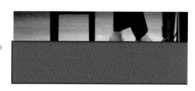

　　绘制和调整结束之后，还要设置好矩形的颜色、取消形状轮廓、设置好透明度，然后复制出3个，再与另外3张照片分别对齐，整个过程显得非常烦琐。

　　下面我们再来看看使用OK插件"插入形状"功能制作同样效果的过程。

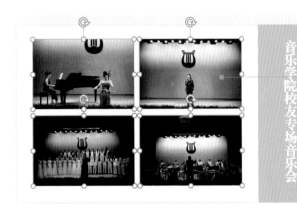

Step1
框选4张展示照片

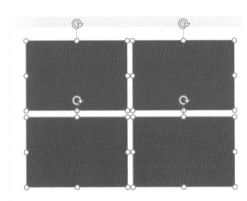

插入形状
EMF导入
一键去除

Step2
单击OK插件"插入形状"，插件会根据被选中对象的多少和大小，自动在对象位置生成同等大小的无轮廓矩形，并自动选中这些矩形

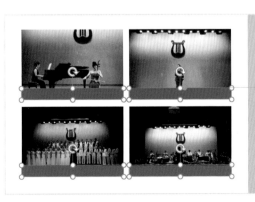

Step3
向下拖动其中一个矩形的顶边中点，所有矩形的高度将同步减小。保证当前全选状态，设置填充色透明度，就可以做出我们想要的效果了

实例 66　用 OK 插件辅助制作全图型 PPT

OK插件的"插入形状"除了能插入矩形和圆形，还可以插入"全屏矩形"，这个功能在制做全图型PPT时是非常方便的，比如下面左图这样的全图页面效果，文字直接压在图片上，很难看清；而右图那样，使用一个半透明的底色做一下衬托，文字就清晰很多——前例中的图片标题不能直接放在图片底部也是同样的道理。

在上面这个例子里，由于背景填充已经选择了图片填充的方式，就不能再用背景色填充一下子把整个页面都变成蓝色了，只能选择插入一个与页面等大的矩形。

虽然就显示效果来说，这个矩形哪怕画得比页面稍微大一点也没有什么关系。但毕竟PPT页面比较大，要画一个全屏矩形，鼠标要从页面左上角画到右下角，还是要浪费一点时间的；而使用OK插件来插入这个全屏矩形，只需展开"插入形状"下拉菜单，选择"全屏矩形"即可瞬间完成，连矩形工具都不用选择，是不是很方便呢？

用 OK 让"对齐"乖乖听话

"对齐"可以说是PPT排版中最常用的命令之一了——拿到朋友麻烦让帮忙修改的PPT，很多时候你只需将页面上的各种元素用"对齐"命令稍微规划收罗一下，整个PPT给人的感觉立刻就能焕然一新。

但是，在PowerPoint中，"对齐"命令却存在着一点缺憾，想要让它乖乖听话，还得用到OK插件。

实例 67 用 OK 插件以特定对象为标准进行对齐

PowerPoint中"对齐"命令的弊病

左图是在各种PPT中都常见的"图形/图片+说明文字"的图文设计结构。现在**上方图形的位置已经定好了**，需要在它下方添加一行与之居中对齐的文字说明。

由于很难确保自己在页面上新建文本框、写完文字之后，文字刚好与上方的元素居中对齐，所以我们很有可能只是先随意点下一个文本框，写好字了再来做对齐工作。

可当你框选两个对象，使用"居中对齐"之后，会是什么情景呢？

上方的图形向右侧移动了，下方的文本框向左侧移动了，最后我们又不得不把它们整个选中，手动移到图形原有的位置；或者最开始就不能使用对齐命令，只能手动拖动文本框和图形对齐——这两种方式都很不方便。

如果说做"居中对齐"的时候，参与对齐的双方本着公平公正的态度，"各自往中间靠一段距离"从道理上还说得过去的话，那下面这样的情况就实在是让人不能忍了。

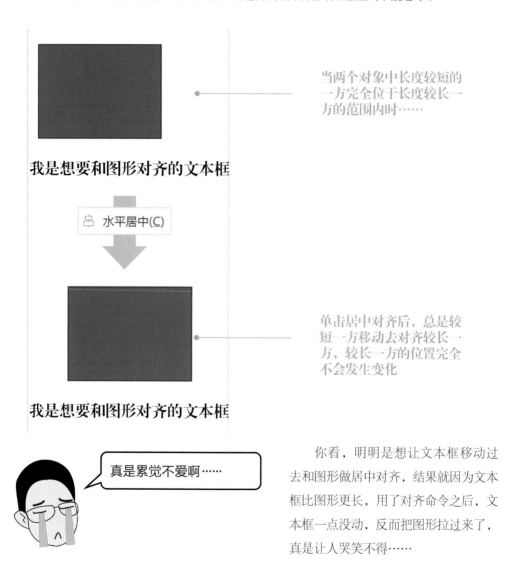

你看，明明是想让文本框移动过去和图形做居中对齐，结果就因为文本框比图形更长，用了对齐命令之后，文本框一点没动，反而把图形拉过来了，真是让人哭笑不得……

使用OK插件做居中对齐

那么，遇到上面这样的情况，使用OK插件来做居中对齐，又会是怎样的情景呢？试试看就知道了。

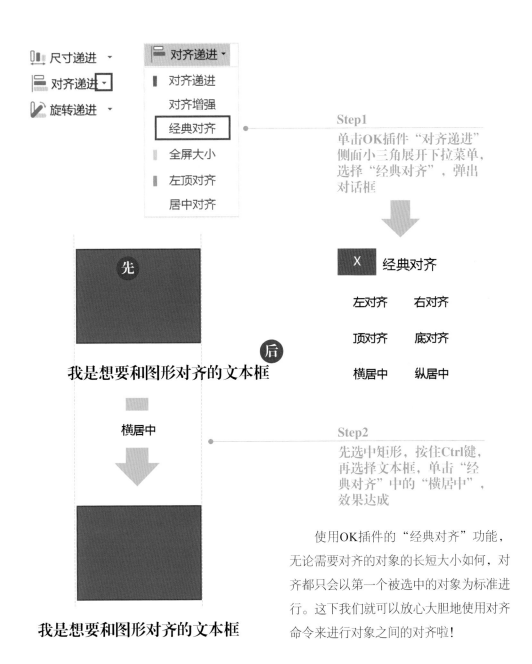

Step1
单击OK插件"对齐递进"
侧面小三角展开下拉菜单，
选择"经典对齐"，弹出
对话框

X   经典对齐

左对齐   右对齐

顶对齐   底对齐

横居中   纵居中

Step2
先选中矩形，按住Ctrl键，
再选择文本框，单击"经
典对齐"中的"横居中"，
效果达成

使用OK插件的"经典对齐"功能，
无论需要对齐的对象的长短大小如何，对
齐都只会以第一个被选中的对象为标准进
行。这下我们就可以放心大胆地使用对齐
命令来进行对象之间的对齐啦！

我是想要和图形对齐的文本框

我是想要和图形对齐的文本框

除了"对齐"以外，我们在第4章**快速排版之分布**一节里还讲到了使用"分布"
命令时遇到的类似麻烦。使用OK插件"对齐递进-对齐递进"，选择"轴心等距对齐"即可一
招化解尴尬，大家不妨自己试一试。

用 OK 显示色值及数值上色

显示色值

对于PPT有一定水平的朋友来说，在网络上去搜索和下载素材已经是家常便饭的事儿，在第1章 **"精美的图标素材哪里找？"** 一节中，我们曾向大家推荐过 "阿里巴巴矢量素材库"，这个素材库的一大优势就是可以在网页上预先设置好图标的颜色，再进行下载，方便了不少PowerPoint还未更新到最新版，无法使用可变色SVG格式图标的朋友。

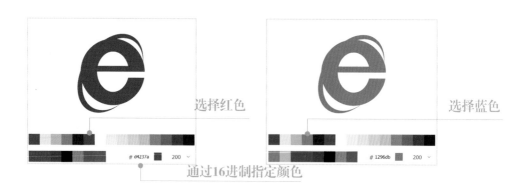

不过想要先设定好颜色，就要面临一个切实的问题——PPT里用的是RGB值来表达颜色，而 "阿里巴巴矢量素材库" 用的是16进制，如果我想要根据PPT里的某种颜色来设定一个与之相同的图标颜色，如何得知这种颜色的16进制表达式是什么样的呢？

这样的需求，OK插件替你想到了，有了 "显示色值" 功能，实现RGB值和16进制色值的转化，再也不用借助其他工具。

实例 68 通过 OK 插件下载到指定颜色的矢量图标

Step1
随意绘制一个形状，填充指定颜色

Step2
选中形状，单击OK插件"显示色值-16进制色值"即出现色值数字

Step3
复制色值（不带#号）粘贴至网页，回车，图标即可变成指定颜色

数值上色

把上例中的逻辑关系反过来——如果是先从网页上知道了某种颜色的16进制色值，想要在PPT里为形状填充这种颜色又能不能办到呢？答案是肯定的，不过这就要用到OK插件的另外一项功能了，那就是"**OK神框**"。

颜色组

OK神框虽然位于"颜色组"，但它的功能实际上是非常强大而综合的，单单把这一个功能讲透，或许都需要用一整章的篇幅，如果大家有兴趣可以学习相关教程自行研究，也可以在微博上和@Jesse老师交流，这里我们先来了解"数值上色"功能。

实例 69　用 OK 插件为形状做 16 进制数值上色

单击"OK 神框",在弹出的小窗口打开下拉菜单——这是非常长的一个下拉菜单(下图中还未显示完),通过这个菜单中的选项,你就可以想象这个功能有多么强大。

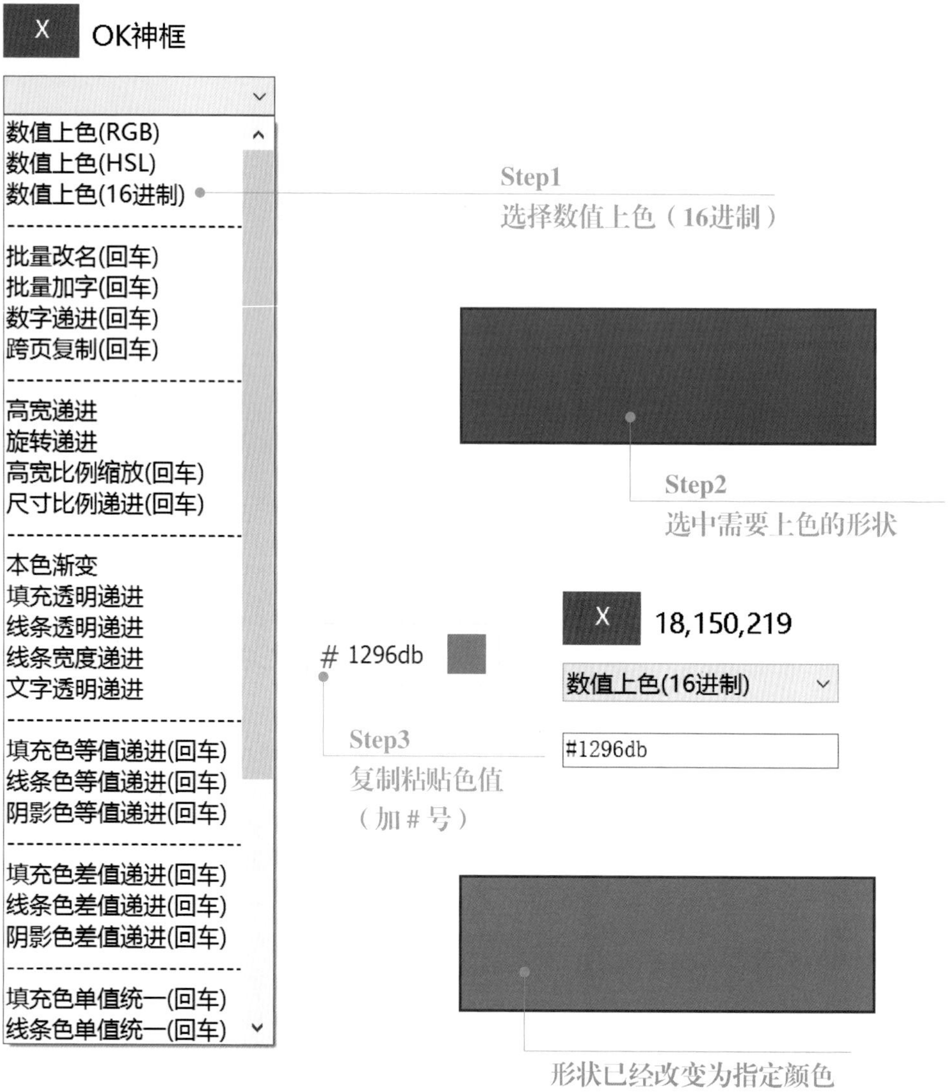

X　OK神框

数值上色(RGB)
数值上色(HSL)
数值上色(16进制)

批量改名(回车)
批量加字(回车)
数字递进(回车)
跨页复制(回车)

高宽递进
旋转递进
高宽比例缩放(回车)
尺寸比例递进(回车)

本色渐变
填充透明递进
线条透明递进
线条宽度递进
文字透明递进

填充色等值递进(回车)
线条色等值递进(回车)
阴影色等值递进(回车)

填充色差值递进(回车)
线条色差值递进(回车)
阴影色差值递进(回车)

填充色单值统一(回车)
线条色单值统一(回车)

Step1
选择数值上色（16进制）

Step2
选中需要上色的形状

X　18,150,219

数值上色(16进制)

#1296db

#1296db

Step3
复制粘贴色值
（加 # 号）

形状已经改变为指定颜色

逆天的图片混合功能

因为OK插件的功能实在是太多太强大，无法将每一个功能都在书里介绍，这里就最后介绍一项堪称"逆天"的功能——**图片混合**作为OK插件的结尾好了。

玩过Photoshop的朋友，对"图片混合"功能都应该有所了解，那么这个功能在PPT里又能有些什么样的作用呢？下面来看一个例子。

实例 70 使用"滤色"和"正片叠底"更改图标颜色

在前面的实例中，我们已经了解到图标能更改颜色的话，就可以更好地与PPT的主题颜色或页面内容进行匹配。也正是因为如此，我们才向大家大力推荐"阿里巴巴矢量素材库"这样支持图标改色的网站。

但是有时候，我们手里却只有PNG格式的图标图片，怎么对图片改色呢？如果没有插件的话，我们只能通过"重新着色"功能来实现，但"重新着色"里的颜色是根据主题色来定义的，想要更改为其他颜色那就得更改主题色，而更改了主题色又势必对PPT中其他元素的配色有所影响。即便不考虑这些因素，变色后的图片颜色也与主题色有一定差异。

重新着色并不能准确还原主题色

而使用OK插件，我们可以非常方便、精准地把图片格式的图标变为指定颜色。

Step1
绘制一个矩形，填充想要赋予图标的颜色

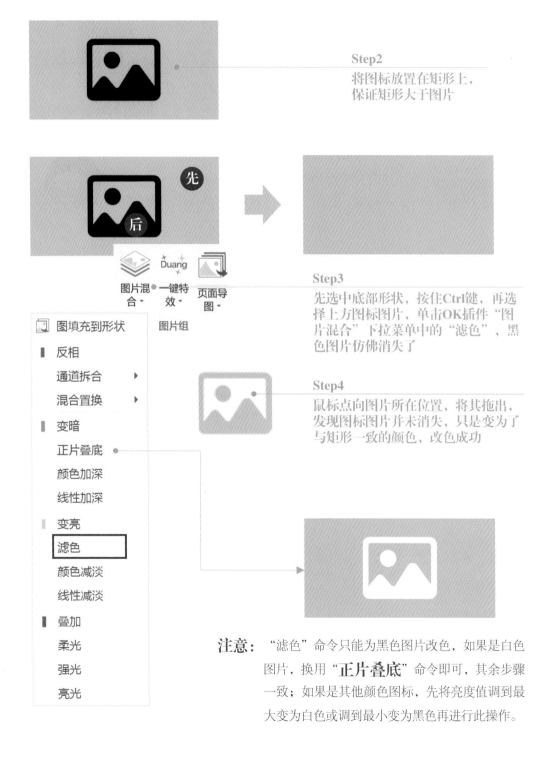

Step2
将图标放置在矩形上，
保证矩形大于图片

Step3
先选中底部形状，按住Ctrl键，再选
择上方图标图片，单击OK插件"图
片混合"下拉菜单中的"滤色"，黑
色图片仿佛消失了

Step4
鼠标点向图片所在位置，将其拖出，
发现图标图片并未消失，只是变为了
与矩形一致的颜色，改色成功

注意： "滤色"命令只能为黑色图片改色，如果是白色
图片，换用**"正片叠底"**命令即可，其余步骤
一致；如果是其他颜色图标，先将亮度值调到最
大变为白色或调到最小变为黑色再进行此操作。

7.5　PA 插件篇

嵌入特殊字体，你还有更好的选择

在第1章 **"防止字体丢失的几种方法"** 一节里，介绍过将无法嵌入的字体复制后选择粘贴为图片的方法。结合OK插件里的 "一键转图" 功能，操作还能更加简单：只需选中特殊字体文本框，单击一下 "一键转图"，就能将文本直接变为图片。唯一的缺点就是图片改色不容易，放大之后会变模糊。

在 "实例36" 中，我们又给大家介绍了另外一种方法：通过 "合并形状" 功能将文字转为形状。形状化的文字是矢量图形，可以随意改色，放大之后也不会失真，效果很好，只是从操作上讲，还需要额外绘制形状再执行 "合并形状" 命令，稍微有些烦琐。

时光机 ● ➡ 时光机

上面这两种方法，一个操作更简便，一个效果更好。都说 "偷懒是第一生产力"，秋叶老师知道很多人都会问：

有没有一种操作简便、效果又好的方法呢？

这位同学，你听说过 "PA" 吗？

实例 71 使用 PA 一键完成文本矢量化

和秋叶一起学PPT

Step1
使用文本框工具输入文字，为其设置一款无法嵌入保存的特殊字体（本例中使用的是"思源黑体"）

和秋叶一起学PPT

Step2
单击PA插件中的"矢量工具-文字矢量"

和秋叶一起学PPT

文字已变为形状
注意对比选框的区别

使用"形状填充"

可更改文字颜色，而形状化的文字就再也不用考虑字体嵌入的问题了

和秋叶一起学PPT

除了制作这样一体化的文字形状，PA还能制作"实例35"中那样的分散式文字形状，并且完成得更好。

在那个案例中，当我们对文字使用"合并形状-拆分"后，"时"字内部的封闭空间也都变为了形状，需要选中删除。

这看起来并没有什么大不了的，但如果需要拆分的是"魑魅魍魉"这样有很多封闭空间的文字的话，挨个点挨个删除的工作就有点折腾人了……

同样还是使用PA的"矢量工具"，选中文本框，单击"矢量工具-文字拆分"，瞬间完成，所有非粘连笔画全都被独立拆分出来，而且不留多余色块。

现在你知道这样的 PPT 封面是怎么做的了吧？

语文知识小讲堂

汉字的出现与演变

补位工具与动画中心

接触PPT动画不太多的朋友可能还不懂什么叫**"补位"**，暂时不懂没关系，耐心看完下面这个实例，你就明白了。

实例72 使用 PA 制作旋转的时针

补位一般用于需要使用"陀螺旋"和"缩放"等涉及对象中心点的动画时。以制作时针旋转动画为例，我们需要让时针转动起来，就需要给时针设置一个"陀螺旋"动画。但是如果仅仅是简单的为画好的指针添加一个陀螺旋动画的话，效果并不会像你最初想象的那样。

你的预期效果   **实际动画效果**

同样是指针在旋转，这两种旋转方式的区别在哪里呢？相信聪明的你已经看出来了：**它们的旋转中心不一样。**

我们预期的是指针绕它的一端进行旋转，而实际的动画效果却是指针绕自己的中心旋转了起来，这是因为"陀螺旋"动画就是默认以对象的几何中心为旋转中心的，而且还不能改变。那么有没有办法实现我们想要的效果呢？过去的解决方案是这样的：

Step1
复制出一份指针（为了便于区别，本案例中用蓝色表示复制品）

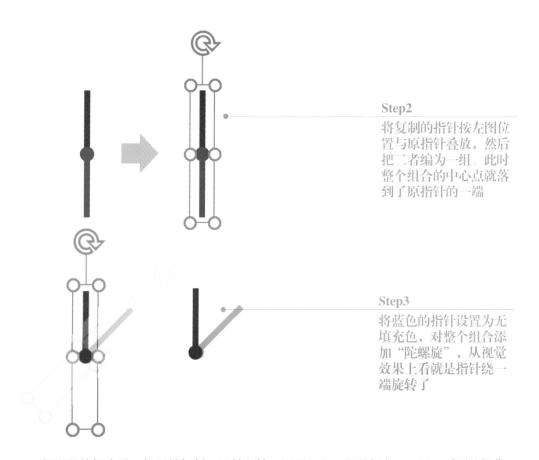

Step2
将复制的指针按左图位置与原指针叠放，然后把二者编为一组。此时整个组合的中心点就落到了原指针的一端

Step3
将蓝色的指针设置为无填充色，对整个组合添加"陀螺旋"，从视觉效果上看就是指针绕一端旋转了

　　问题虽然解决了，但又是复制、又是翻转、还要组合、调整颜色……这一系列的操作，只是看看都觉得很麻烦！何必那么辛苦呢？使用PA插件，我们只需选中绘制的指针，在**"补位工具-垂直补位"**上轻轻一点，补位便自动完成了。

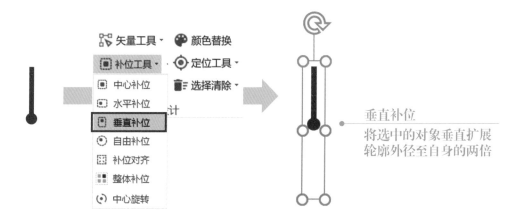

垂直补位
将选中的对象垂直扩展轮廓外径至自身的两倍

细心的朋友一定发现了，在这个案例里，通过"垂直补位"制作的指针与传统做法制作的指针是有区别的，使用PA插件做出来的指针旋转起来可能会有一些问题。

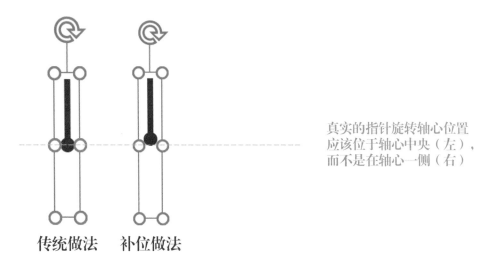

真实的指针旋转轴心位置
应该位于轴心中央（左），
而不是在轴心一侧（右）

传统做法　　补位做法

插件的作者显然也想到了这点。针对这种"需要与补位的形状重叠一部分"的情况，我们可以选中对象，使用**"更多动画-动画中心"**功能来制作补位，比使用"补位工具"更加直观，更具可控性。

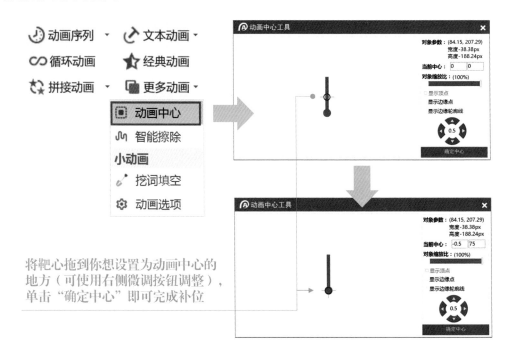

将靶心拖到你想设置为动画中心的
地方（可使用右侧微调按钮调整），
单击"确定中心"即可完成补位

还在发愁连续路径动画？ PA 给你解决方案

在制作路径动画时，我们往往需要将一系列的路径动画集合起来，做成一整套的路径运动动画（如下面左图的A-B-C路径）。但如果只是简单地为这个圆添加一次水平路径动画，再添加一次垂直路径动画，得到的效果却是右边那样（A-B、A-D）。

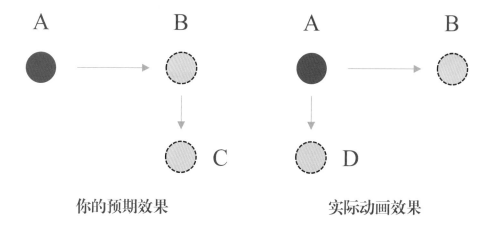

你的预期效果 　　　　　　　　　　实际动画效果

想要得到左侧的（A-B-C）效果，还需要手动选中垂直运动路径，将其向右拖移，使其起点与B的位置重合。

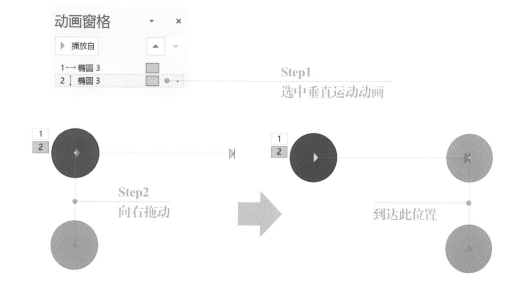

单单这么一个操作可能还并不算太麻烦，但如果我们有10段路径动画需要连贯起来呢？难道也这样一个个地手工拖动吗？利用PA插件，我们完全可以免除这样的烦琐操作。

实例 73 使用 PA 制作 10 段步进的卡通头像进度条

Step1
绘制一个长长的内阴影圆角矩形，将卡通头像放置在矩形上

Step2
为头像设置直线动画并改变方向为向右

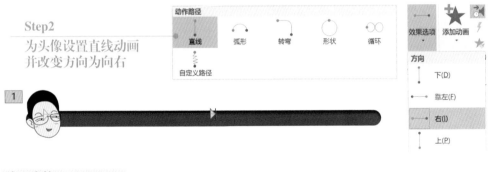

Step3
在动画窗格中选中动画，按住Shift键拖动路径终点将路径缩短

Step4
双击动画窗格中的路径动画动作，在弹出的"效果选项"对话框中将"平滑开始"和"平滑结束"均设为0

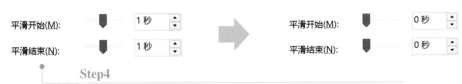

接下来我们要将向右移动的动画复制9次。在通常情况下，动画是不能直接复制的，即便使用动画刷也无法反复为同一个对象添加相同的动画。但好在我们有PA，一切皆有可能。

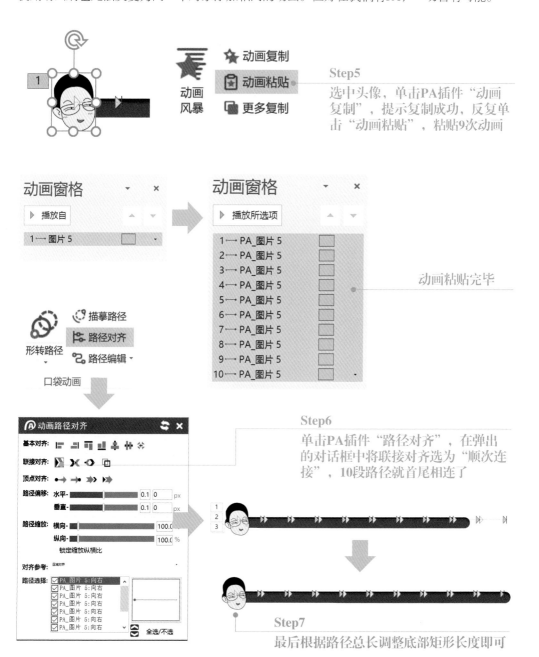

Step5
选中头像，单击PA插件"动画复制"，提示复制成功，反复单击"动画粘贴"，粘贴9次动画

动画粘贴完毕

Step6
单击PA插件"路径对齐"，在弹出的对话框中将联接对齐选为"顺次连接"，10段路径就首尾相连了

Step7
最后根据路径总长调整底部矩形长度即可

拼接动画，从麦当劳到赛百味的进步

在一些PPT新手的作品里，我们总能看到各种各样飞来飞去的动画效果，从一方面来讲是新手们总是为了展现动画效果而使用动画，而从另一方面来讲，这也恰恰说明了在PowerPoint中为各种元素设置动画是一件非常容易的事情。我们只需选中想要赋予动画的元素，然后从动画列表中选择"淡出""飞入""擦除"等动画就可以了，整个过程就好像人们站在麦当劳的柜台面前点餐一样简单。

不过，伴随着这种简单的，是个性化的丧失——我们只能在已经定型的动画列表中选择某一种动画来使用，却无法对动画进行自定义的搭配和改造，就好像你不能在麦当劳要求一个汉堡里面同时夹上牛肉饼和鸡肉饼一样。

同样是快餐，赛百味就把DIY做成了自己的招牌特点，你可以选择不同的面包、不同的酱料、不同的配菜，用它们搭配出你专属的口味。

现在，使用PA插件里的"**拼接动画**"功能，我们也能在PPT动画上感受"赛百味式"的体验了。

实例 74 使用 PA 制作夜空星星忽明忽暗的效果

Step1
下载一张星空图片，将其填充为背景

Step2
在背景图的星星上画圆，柔化边缘、填充白色

Step3
复制圆覆盖完页面上的7个星星、缩放圆的大小并调整柔滑边缘的尺寸与之符合

Step4
为大圆添加"淡入"进入动画

Step5
为大圆添加"淡出"消失动画，此时动画窗格如图所示

此时如果将"淡出"动画设置为"上一动画之后"，我们就能看到星星忽明忽暗一次的效果了。但是由于"淡入"和"淡出"是两个不同的动画，想要这种忽明忽暗的效果一直重复下去，只能再继续手动添加"淡入""淡出"动画并设置为"上一动画之后"——如果这页PPT是作为一个讲故事或诗朗诵节目的背景，很有可能需要一直播放数分钟，忽明忽暗的效果或许需要重复上百次，全靠手动设置的工作量是不可想象的。于是，PA插件的"拼接动画"就有了用武之地。

Step6
选中圆，单击PA"拼接动画"，原来的两个动画就拼合成了一个新的动画

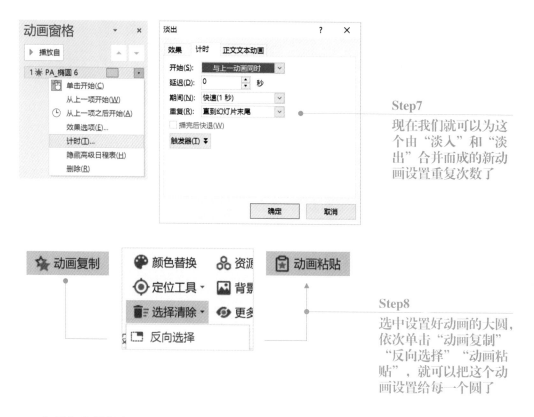

Step7
现在我们就可以为这个由"淡入"和"淡出"合并而成的新动画设置重复次数了

Step8
选中设置好动画的大圆，依次单击"动画复制""反向选择""动画粘贴"，就可以把这个动画设置给每一个圆了

如果你觉得所有的星星一起同步忽明忽暗不太自然，还可以使用PA的"动画序列"功能，为页面中的所有动画设置"0～2秒"的随机延迟。

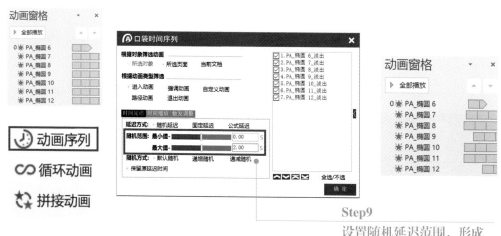

Step9
设置随机延迟范围，形成此起彼伏的忽明忽暗效果

PA 插件的其他实用功能

和OK插件一样，PA的功能也非常多非常强大，而且开发团队也非常用心，版本更迭功能改进都很快，秋叶老师无法把所有功能都给大家介绍一遍，这里就再给大家推荐其中的几个实用功能好了。

超级组合

"超级组合"位于PA插件"替换组合"功能的下拉菜单中。众所周知，在PowerPoint中，动画是基于对象存在的，所以一旦被赋予了动画的单个对象与其他对象组合到了一起形成了一个组合，那它原有的动画效果就全部丢失了。偏偏有那么一些情况下，我们需要把一些具备动画效果的对象组合到一起，却又想保留它们的动画效果，这个时候，使用"超级组合"就可以在保留对象各自的动画效果的同时又把它们编为一组。

超级解锁

"超级解锁"功能包含了"锁定"和"解锁"两方面的功能，它能够非常方便地将页面中的对象安照你的需要进行不同类别的锁定，例如，不允许移动、不允许旋转、不允许改变大小，甚至不允许选中。

还记得左边这个例子吗？页面背景已经使用了图片填充，所以半透明的矩形就只能放置在页面上。由于这个矩形占据了整个页面，导致我们无论在页面上哪里点下鼠标，都会把这个矩形选中，容易造成误操作。此时，选中矩形，在PA插件"超级解锁"下拉菜单中的"加锁选项"中勾选"锁定选中"，然后选择"对象锁"，矩形就无法被选中了。

对于这种无法被选中的对象，要解锁就只能选择"解锁所有"，将页面上其他已锁定的对象与之一起解锁。

经典动画

PowerPoint从2003一路进化到2016，新增了很多功能，同时也舍弃了很多功能。有一些旧版的动画效果，如"闪烁一次"和"光速"等，如今就无法再在动画效果列表中找到。不过，或许是出于对旧版效果兼容的考虑，这些效果虽然无法再设置，但是却是可以在高版本的PowerPoint中正常显示的，使用"经典动画"功能，可以完全抛开PowerPoint自身的动画设置选项菜单，为页面上的对象设置各种动画效果，包括那些已经被取消掉的效果，用它也能设置出来。

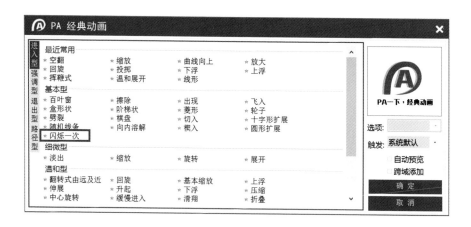

页面撑高

"页面撑高"功能可以说是一项解决了很多PPT爱好者痒点的创意性功能。相信有一定PPT制作经验和经历的朋友都遇到过这种情况：当我们放大页面显示比例后，用鼠标滚轮控制页面的显示位置，想要显示出最底部或最顶部的页面细节时，一不小心滚轮多滚了那么一下，PPT就直接往后或往前翻页翻过去了——"页面撑高"就是用于解决这个问题的专属功能。

单击"定位工具-页面撑高"，设定一个撑高页面的值，整个页面的可滚动范围就大大增加，在页面边缘位置进行操作，再也不用担心误翻页的情况出现了。

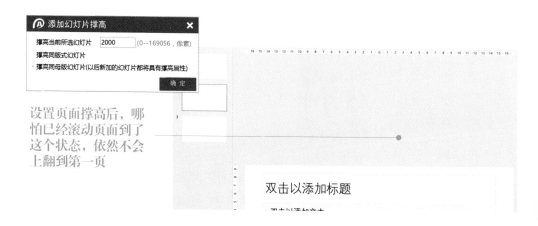

设置页面撑高后，哪怕已经滚动页面到了这个状态，依然不会上翻到第一页

动画风暴

"动画风暴"是让PA插件在动画领域封神的最强大同时也是最复杂的功能，利用这个功能，我们可以完全无视任何PPT内置的动画效果，而是直接从动画的行为内容（属性、设置、颜色、缩放等）来理解动画，通过时间轴来安排、控制动画。例如，一个简简单单的"飞入"动画，用"动画风暴"来看，就包含了"可见性""X坐标"和"Y坐标"三方面的行为。

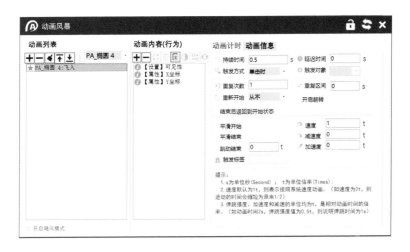

而既然可以用X-Y坐标体系来描述对象的运动，那建立起X和Y轴之间的关系，让对象做各种复杂的函数图像运动或变化，就是一个公式就能搞定的事情了。如果你立志要成为PPT动画大神的话，就好好研究下"动画风暴"吧！当然，还得努力学好函数！

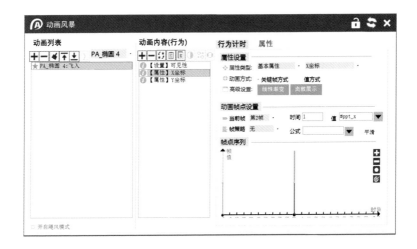

7.6 到哪里才能下载到这些神奇的插件

Nordri Tools

可以搜索Nordri Tools官方网站下载软件，正式版本号V1.1.0。

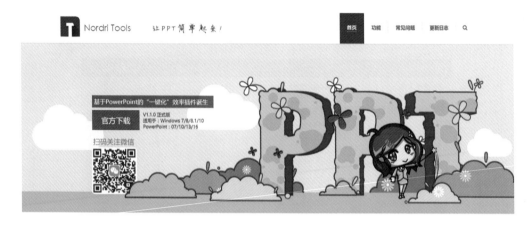

Onekey Tools

可以搜索Onekey Tools官方网站下载软件，正式版本号7.0，通过官方的交流QQ群可下载到替换升级包，目前（截止撰写日期2017年3月）最新版本为2017.1.14。另外，特别提醒大家注意单击官网的下载链接会跳转到百度云，在百度云的安装文件文件夹里除了软件程序，还有一个OK插件基础教学视频，共17集，详细介绍了插件每一个功能的作用，如果你是第一次使用这款插件，一定要学习这些教学视频。

口袋动画 Pocket Animation

可以搜索Pocket Animation官方网站下载软件，正式版本号V3.0.1，即将推出V3.0.2版（截止撰写日期2017年3月）。

有了这些插件神器的帮助，相信大家制作PPT一定会如虎添翼，效率直线上升！